Rasa实战

构建开源对话机器人

孔晓泉 王 冠 著

U0281354

电子工业出版社·
Publishing House of Electronics Industry
北京·BEIJING

内 容 简 介

Rasa 是一款开源的对话机器人框架，能让开发者使用机器学习技术快速创建工业级的对话机器人。得益于丰富的功能、先进的机器学习能力和可以快速上手的特性，Rasa 框架是目前流行的开源对话机器人框架。

本书首先介绍 Rasa 的两个核心组件——Rasa NLU 和 Rasa Core 的工作流程；然后详细介绍通过使用 Rasa 生态系统从头开始构建、配置、训练和服务不同类型的对话机器人的整体过程，如任务型、FAQ、知识图谱聊天机器人等，其中包括使用基于表单（form）的对话管理、ResponseSelector 来处理闲聊和 FAQ，利用知识库来回答动态查询的问题等，以及自定义 Rasa 框架，使用对话驱动的开发模式和工具来开发对话机器人，探索机器人能做什么，并通过交互式学习来轻松修复它所犯的任何错误；最后会介绍将 Rasa 系统部署到具有高性能和高可扩展性的生产环境中，从而建立一个高效和强大的聊天系统。

本书的目标是，教会读者使用 Rasa 构建和部署自己的对话机器人，解决对话机器人生命周期中遇到的常见痛点，因此本书适合对对话机器人、语音识别领域感兴趣的所有开发者、产品经理等参考阅读。

未经许可，不得以任何方式复制或抄袭本书之部分或全部内容。
版权所有，侵权必究。

图书在版编目（CIP）数据

Rasa 实战：构建开源对话机器人 / 孔晓泉，王冠著. —北京：电子工业出版社，2022.3

ISBN 978-7-121-42938-5

Ⅰ．①R… Ⅱ．①孔… ②王… Ⅲ．①人-机对话设备 Ⅳ．①TP334

中国版本图书馆 CIP 数据核字（2022）第 024511 号

责任编辑：孙学瑛　　　　　　特约编辑：田学清
印　　刷：北京七彩京通数码快印有限公司
装　　订：北京七彩京通数码快印有限公司
出版发行：电子工业出版社
　　　　　北京市海淀区万寿路 173 信箱　　　　　邮编：100036
开　　本：720×1000　　1/16　　印张：13.5　　字数：264.4 千字
版　　次：2022 年 3 月第 1 版
印　　次：2023 年 11 月第 4 次印刷
定　　价：89.00 元

凡所购买电子工业出版社图书有缺损问题，请向购买书店调换。若书店售缺，请与本社发行部联系，联系及邮购电话：（010）88254888，88258888。

质量投诉请发邮件至 zlts@phei.com.cn，盗版侵权举报请发邮件至 dbqq@phei.com.cn。

本书咨询联系方式：010-51260888-819，faq@phei.com.cn。

Foreword

Conversational AI combines ideas from linguistics, human-computer interaction, artificial intelligence, and machine learning to develop voice and chat assistants for a near-infinite set of use cases. Since 2016 there has been a surge in interest in this field, driven by widespread adoption of mobile chat applications. The coronavirus pandemic accelerated this trend, with almost all one-on-one interactions becoming digital.

2016 was also the year Rasa was first released and we saw the first community contributions come in on GitHub. Open source communities live and die by their users and contributors, and this is doubly true for Rasa, where our global community builds assistants in hundreds of human languages. Xiaoquan Kong and Guan Wang have been leading members of our community for years and I am grateful for their many contributions. Not least Xiaoquan's efforts to ensure Rasa has robust support for building assistants in Mandarin. I've been eagerly awaiting the publication of this book.

Rasa in Action: Building Open-source Conversational AI covers precisely the topics required to become proficient at building real-world applications with Rasa. Aside from covering the fundamentals of natural language understanding and dialogue management, the book emphasizes the real-world context of building great products. In the first chapter, you are challenged to think whether a conversational experience is even the right one to build. The book also covers the essential process of Conversation-Driven Development, without which many assistants get built but fail to serve their intended users. Additionally, readers are taught practical skills like debugging an assistant, writing tests, and deploying an assistant to production.

This book will be of great use for anyone starting out as a Rasa developer, and I'm sure many existing Rasa developers will discover things they didn't know.

—— Alan Nichol, co-founder and CTO, Rasa

推荐序

对话机器人结合了语言学、人机交互、人工智能和机器学习的理念，可用于开发应用在各种各样的用户场景下的语音和聊天智能助手。自 2016 年以来，对话机器人在移动 App 中被广泛采用，并掀起一股浪潮。人们对对话机器人的关注迅速增加，新冠病毒的大流行加速了这一趋势，几乎所有一对一的互动都数字化了。

2016 年是 Rasa 首次发布的一年，我们看到在 GitHub 上出现了第一批社区贡献者。开源社区因其用户和贡献者而生，这对 Rasa 来说是在真实地发生着的——在我们的社区，全球开发者用数百种人类语言建立了各种各样的智能助手。本书的作者孔晓泉和王冠多年来一直是我们的社区领袖，我很感谢他们的诸多贡献。尤其是晓泉在确保 Rasa 的中文支持方面所做的努力，才得以成就本书。我一直非常期待本书的出版。

本书涵盖了熟练使用 Rasa 构建真实应用所需的全部主题。除涵盖自然语言理解和对话管理的基础知识外，本书着重讲了如何在真实场景中构建优秀的产品。在第 1 章中，读者会被要求思考这样一个问题：构建一个对话机器人真的是正确的选择吗？通过回答这个问题可以避免"杀鸡用牛刀"的窘境。本书还涵盖了对话驱动开发（Conversation-Driven Development）的基本过程。不使用对话驱动开发可能会出现对话机器人虽然上线却不能很好地满足目标用户需求的问题。此外，本书还向读者传授了一些实用的技能，如何调试 Rasa 代码、如何测试，以及如何将对话机器人部署到生产环境中等。

本书对任何想成为 Rasa 开发者的人来说都是非常有用的，我相信许多现有的 Rasa 开发者也会从书中发现并学到新的东西。

—— Alan Nichol，Rasa 联合创始人兼 CTO

前言

自然语言处理（Natural Language Processing，NLP）是人工智能领域的一个重要部分。当人工智能已经在数据建模预测和图像分类识别等场景大放异彩的时候，随着深度学习算法和计算机硬件的不断发展，拥有悠久历史的 NLP 渐渐展现出新的发展动力和应用落地潜力，而对话机器人是 NLP 集大成的应用。

对话机器人已经在互联网和传统行业中有了广泛的应用，应用范围包括自动化提升工作效率、增加客户服务智能水平和降低人工运营成本等方面。本书以中文应用为核心，向读者系统地介绍对话机器人的落地构建。

为什么写这本书

在深度学习的发展浪潮中，NLP 虽然有了很多重要的进步，但是相比图像视觉识别等领域，NLP 有着特殊的一面。因为图像中的猫都是一样的，中国的猫在美国也是猫，不受地区、语言、文化背景等限制，所以图像数据是通用的，算法也一致。文字则不同：全球各地的书写语言各不相同，相同书写语言国家中不同地区的口语方言也各有千秋，用英语语料训练出的 NLP 模型并不适用于中文，因此 NLP 语料不具备通用性。

加上人类的语言本身具有歧义性、隐蔽性和常识性，如指代不明、讽刺、缩略等，NLP 在技术实现上相当困难，在中文方面尤其如此——一方面，中文 NLP 缺乏学术界质量良好的大规模中文语料库；另一方面，主流开源框架对中文 NLP 的支持并不友好。

据笔者所知，当前的 NLP 参考数据，或者完全基于传统 NLP 的技术架构，与当前新的技术有所脱节，或者太过理论而缺乏实践，尤其是对中文 NLP 任务实践的深层次积累。

因此，我们在本书借助 Rasa 介绍构建对话机器人这一 NLP 集大成的任务，从而展现中文 NLP 的核心技术的实践和应用。

关于本书作者

孔晓泉 谷歌开发者机器学习技术专家（Google Developer Expert in Machine Learning），TensorFlow Addons Codeowner，Rasa SuperHero。多年来一直在世界 500 强公司带领团队构建机器学习应用和平台。在 NLP 和对话机器人领域拥有丰富的理论和实践经验。

王冠 北京大学学士，香港科技大学硕士，先后于香港应用科技研究院、联想机器智能实验室及瑞士再保险数据科学团队从事数据建模、计算机图像与 NLP 的研发工作，发表过数篇相关国际期刊论文和专利。当前研究方向为人工智能在金融领域的应用。

本书主要内容

本书将详细地介绍 Rasa 的生态体系，按照从入门到内部原理，再到实战的学习路线，让第一次接触机器学习和自然语言理解的用户能够迅速了解、掌握并实际运用中文 NLP 的核心技术。本书由初级、中级和高级 3 个级别的 Rasa 知识组成。本书内容与开发人员水平等级对应表如下所示。

本书内容与开发人员水平等级对应表

开发人员水平等级	等级能力要求	对应本书内容
初级	熟悉 Rasa 各个组件的概念，熟练利用现有的常用组件构建一个单机 Rasa Bot	第 1 章、第 2 章、第 3 章
中级	熟练利用所有内建组件构建一个满足工业标准的分布式 Rasa Bot	第 4 章、第 5 章、第 6 章、第 7 章
高级	熟悉 Rasa 各个系统的工作原理，按照需要新增、改造或创建新的子系统和组件	第 8 章、第 9 章、第 10 章

如何阅读本书

建议 Rasa 初学者，从头开始逐步深入，并按照书中的项目逐一实践，在确认已经掌握基础概念后再继续学习。同时建议，初学者不需要等到完全读完整本书再去上手做实际的对话机器人，只要学会自己期望的学习内容就可以开始进行实战，在实战中遇到不懂的问题时，再来回顾本书或把本书当作参考手册反复查阅。

对于已经有一定经验的 Rasa 开发者，可以按照需求有选择地精读某些章节。有经验的 Rasa 开发者快速通读全书也有好处，一来可以了解最新的 Rasa 提供了哪些读者尚不知道的高级技术（Rasa 的技术体系进化得相当快），二来可以建立完善的 Rasa 知识体系，以后在实战中遇到问题时，可以想起来书中提到的某个技术或方案或许可以解决这一问题。

对于非 Rasa 系统的对话系统开发者而言，阅读本书可以学习 Rasa 系统是如何设计架构，以保证系统的可扩展性的。同时 Rasa 对话管理系统的设计是非常值得其他对话系统设计师参考学习的，我们建议重点阅读第 9 章 "Rasa 的工作原理与扩展性"。

致谢

感谢谷歌通过提供谷歌云信用额度（GCP credit）的方式来支持我们的工作。

读者服务

微信扫码回复：**42938**

- 加入本书交流群，与作者互动

- 获取【百场业界大咖直播合集】(持续更新)，仅需 1 元

目录

第 1 章

人机对话基础和 Rasa 简介

1.1 机器学习基础

自从谷歌的 Alpha Go 打败了韩国的李世石和中国的柯洁之后，机器学习毫无疑问地成为当下流行和前卫的计算机研究和应用方向。那么到底什么是机器学习呢？用我们经常玩的剪刀石头布游戏来浅显地说明，如图 1-1 所示，计算机的摄像头可自动将用户摆出的手势识别成剪刀、石头和布中的一种。

图 1-1　剪刀石头布游戏示意图

让我们看看机器学习和传统编程在解决问题的思路上有什么不同。

传统编程方案的思路如图 1-2 所示。

图 1-2　传统编程方案的思路

传统编程方案的流程如下所述。

（1）软件制造阶段：软件工程师理解业务规则后，经过编码，将业务规则转换成程序。

（2）软件使用阶段：通过运行计算机程序，将用户输入的真实数据输出成结果。

利用传统编程方案定位手的位置和手指的边界是非常困难的。因为相同的手势有多种表达方案，如手的各种位置、手的各种大小和形状（有的纤长，有的粗短），以及手的各种皮肤状况（颜色、毛孔、伤疤等）等，所以源代码规模非常庞大。如图 1-3 所示，传统编程方案的代码逻辑非常复杂，后期维护近乎不可能。从实际操作的角度来说，几乎不可能有软件工程师能很好地完成这个程序。

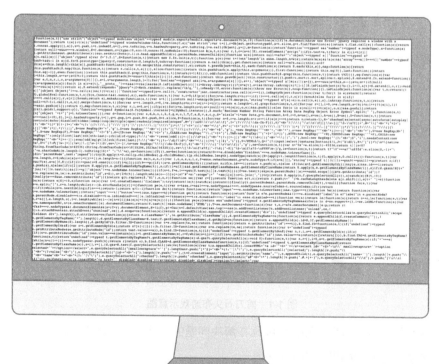

图 1-3　传统编程方案在复杂业务中可能会极其复杂

机器学习方案的思路如图 1-4 所示。

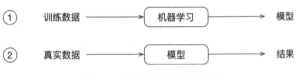

图 1-4　机器学习方案的思路

基于机器学习方案的工作流程如下。

（1）软件制造阶段：机器学习通过学习训练数据推测出其中隐含的业务规则，将业务规则用权重的方式书写成模型。

（2）软件使用阶段：通过运行模型，将用户输入的真实数据输出成结果。

和绝大部分机器学习应用一样，这里的剪刀石头布应用的训练数据包含数据和标签。数据是一些照片（在计算机里，照片是由一堆数字构成的）；标签是指图片中的手势是剪刀、石头，还是布。机器学习算法需要在训练数据的支持下，推测出将图片映射成标签的业务规则，如图 1-5 所示。

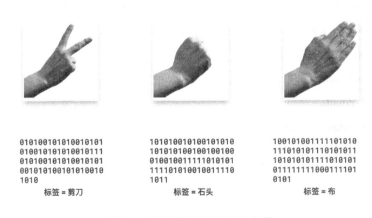

图 1-5　机器学习中的数据和标签

1.2　自然语言处理基础

1.2.1　现代自然语言处理发展简史

在 2013 年之前，自然语言处理（Natural Language Processing，NLP）方法基于下述两个问题一直无法统一。

第一个问题是如何在计算机中表示文本信息。在计算机中，语音等时序数据可以表示为波形，图像可以用像素位置和像素值来表示，而文本并没有一个直观的量化表示方法。用独热编码（one-hot encoding）表示每一个词或字，以及使用词袋模型（bag-of-words）表示句子或段落的方法很原始，缺点很明显。独热编码中的向量维度大小是整个词库的大小，但仅在词对应的位置其值为 1，而其他位置的值全为 0，这样的稀疏向量既浪费了大量空间，又没有直观的表现能力。而且每两个词之间永远是正交关系（也就是相互独立），丧失了词语本身的语义信息（语义相近的词语在表示形式上也应该接近）。词袋模型则简单统计文本中出现的词频，完全忽略了词语之间的依赖和顺序关系，从而无法准确地表示文本语义。例如，词袋模型无法区分"李雷的儿子是谁"和"谁的儿子是李雷"，但这两句话的语义差异明显。

第二个问题是如何为文本建模。传统的方法大多依赖于人工特征工程，如用 TF-IDF（Term Frequency-Inverse Document Frequency）以词频的方法来表征词语的重要性，用主题模型（topic modeling）来根据统计的信息判断文档主题和每个主题的比例，以及用很多语言学信息人工建造特征。以一个关系提取的工具包 IEPY（Information Extraction in Python）为例，下面是该工具包的构造特征的列表。

- number_of_tokens。
- symbols_in_between。
- in_same_sentence。
- verbs_count。
- verbs_count_in_between。
- total_number_of_entities。
- other_entities_in_between。
- entity_distance。
- entity_order。
- bag_of_wordpos_bigrams_in_between。
- bag_of_wordpos_in_between。
- bag_of_word_bigrams_in_between。
- bag_of_pos_in_between。
- bag_of_words_in_between。
- bag_of_wordpos_bigrams。
- bag_of_wordpos。
- bag_of_word_bigrams。

- bag_of_pos。
- bag_of_words。

在得到这些特征之后，传统的方法会使用一些传统机器学习模型建模。IEPY 提供了以下几种分类模型。

- Stochastic Gradient Descent。
- Nearest Neighbors。
- Support Vector Classification。
- Random Forest。
- AdaBoost。

传统的 NLP 应用，往往就是使用以上的方法来解决实际问题的。我们稍后会看到 Rasa 对意图识别问题的解决方法是类似的。这种方法的好处是训练速度快、对标注数据量要求少、对简单问题的解决效果不错，缺点是需要大量人工特征处理和模型调参，对一些复杂多变的语境束手无策。

2013 年，Tomas Mikolov 发表了 2 篇论文，一篇提出了 CBOW（Continues Bag of Words）和 skip-gram 模型，另一篇提出了集中优化训练的方法。之后 word2vec 工具被开源了。

word2vec 优美地解决了第一个问题，用一个浅层神经网络，在大规模语料上进行训练，通过每个词语上下文的联系，将文本的语义嵌入一个强大又神秘的稠密向量，即词向量之中。这种方法被称为词嵌入（word embedding）。词向量的强大在于词向量蕴含了词语本身的语义信息，可以进行 king - man + woman = queen 这样的操作；词向量的神秘在于人们并不知道词向量的每一维究竟是什么含义，因此这种语义被称为隐语义（latent semantic）。

这基本开创了一个新的时代。word2vec 之后，文本处理的第一步都是将词语转为词向量；近年在计算机图像领域大放异彩的深度学习模型很自然地被引入文本处理的建模过程中，替代传统机器学习模型成为解决第二个问题的利器。海量语料训练的词向量作为输入，深度学习作为模型，成了解决大量 NLP 问题的标配方案。

word2vec 和词向量的发明使得原来只能独热编码的词语变成了稠密、神秘、优美且表现力丰富的向量，NLP 从烦琐的语言学特征中跳出来，一举推动了深度学习在 NLP 领域中大展身手。这种表示学习（representation learning）的风潮，现在已经刮到了知识图谱（使用 graph embedding 技术）和推荐系统（使用 user/item embedding

技术）等领域。

虽然 word2vec 在 NLP 任务上的效果有明显提升。但很快，NLP 研究人员发现了 word2vec 的缺点：实际上，同一个词在不同的上下文中具有不同的含义（例如，"植物从土壤中吸收水分"和"他的话里有很大的水分"中的"水分"一词的语义显然是不同的），但无论上下文如何，word2vec 给出的向量表示都是唯一的、静态的。那么为什么我们不根据当前上下文给出一个词的向量呢？这种新技术就是上下文词嵌入。引入上下文词嵌入的早期模型有著名的 ELMo（Embeddings from Language Model）。ELMo 不对每个词使用固定的词向量，而在为每个词分配向量之前查看整个句子，使用在特定任务上训练的双向 LSTM（Long Short-Term Memory）来创建这些词向量。LSTM 是一种特殊的 RNN（Recurrent Neural Network），可以学习长程依赖（long term dependency，存在依赖关系的点之间距离过大）。ELMo 在各种问题上表现良好，成为基于深度学习的 NLP 算法的核心组件。

transformer 模型于 2017 年发布，在机器翻译任务上取得了惊人的成绩。transformer 在架构中没有使用 LSTM，而使用了很多注意力（attention）机制。注意力机制是一种将查询（query）和一组键值对（key/value）映射到输出的函数。注意力机制输出的值是加权和，其中每个值的权重由查询的函数和值的相应键计算。一些 NLP 研究人员认为，transformer 使用的注意力机制是 LSTM 的更好替代方案。他们认为注意力机制比 LSTM 更好地处理了长程依赖，具有非常广阔的应用前景。transformer 在架构上采用编码器-解码器（encoder-decoder）结构。编码器和解码器在结构上高度相似，但在功能上不尽相同。编码器由 N 个相同的编码器层组成。解码器由 N 个相同的解码器层组成。编码器层和解码器层都使用注意力机制作为核心组件。

transformer 的巨大成功吸引了众多 NLP 科学家的兴趣。他们在 transformer 的基础上开发了更多优秀的模型。在这些模型中，有 2 个非常著名和重要的模型：GPT（Generative Pre-trained Transformer）和 BERT（Bidirectional Encoder Representations from Transformers）。GPT 完全由 transformer 的解码器层组成，而 BERT 完全由 transformer 的编码器层组成。GPT 的目标是生成类似人类的文本。到目前为止，GPT 已经开发了 3 个版本，分别是 GPT-1、GPT-2 和 GPT-3。GPT-3 生成的文本质量非常高，非常接近人类水平。BERT 的目标是提供更好的语言表示方法，帮助广泛的下游任务（sentence pair classification 任务、single sentence classification 任务、question answering tasks、single sentence tagging 任务）取得更好的结果。当时，BERT 模型在

各种 NLP 任务上达到了先进的水平，并且在许多任务上大大提升了现有行业的最佳水平。现在 BERT 衍生出了一个庞大的家族，其中比较知名的有 XL-Net、RoBERTa、ALBERT、ELECTRA、ERNIE、BERT-WWM、DistillBERT 等。

1.2.2　自然语言处理的基础任务

高效率的字、词或句子的向量表示方法，大大减轻了我们对人工特征工程的依赖。在此基础上，自然语言处理（NLP）有一系列的基础任务。

如果把一段文本理解为一个序列，把各种标签理解为不同类别，那么 NLP 基础任务根据问题本质的不同可以分为以下几种。

- 从类别生成序列：包括文本生成、图像描述生成等任务。
- 从序列生成类别：包括文本分类、情感分析、关系提取等任务。
- 从序列同步生成序列：包括分词、词性标注、语义角色标注、实体识别等任务。
- 从序列异步生成序列：包括机器翻译、自动摘要、拼音输入等任务。

由此可见，构建对话机器人可归为从序列生成类别的文本分类任务；实体标注可归为从序列同步生成序列的实体识别任务；语音识别可以理解为一个广义上的从序列（语音信号）同步生成序列（文本）的任务，语音合成则反之；对话管理在很大程度上是一个广义上的从序列（对话历史）生成类别（当前动作）的任务。

1.3　人机对话流程

人机对话是一个很难的问题，在商业与技术上都没有固定的套路，被称为 NLP 领域中"王冠上的钻石"。这里我们仅针对任务导向的对话机器人简单介绍人机对话的普遍流程。

1.3.1　确定对话机器人的应用场景

在正式探讨实现技术前，在各种应用场景中，我们首先要确认一个问题：真的需要对话机器人吗？对于自主点餐、电影购票、飞机火车订票、宾馆房间预订、咖啡外卖等目标单一明确、步骤逻辑清晰的交互场景，我们认为不需要对话机器人。

而对于医院科室咨询、商品售后服务、电商客服、证券投资咨询、银行业务办理、客服系统等应用场景，大量用户有大量相似的疑问和需求，目标明确或半明确且需要引导，通常情况下，最频繁的前 10 个问题是大部分用户的通用问题。我们认为对话机器人可利用自动化获取用户画像、快速读取海量相关知识库、通过多轮对话快速给出针对用户需求的个性化答案等自身优势，被广泛应用于这些场景。但真正落地和解决这些场景需求的对话机器人，目前还不多，任重而道远。

1.3.2　传统对话机器人架构

早期的对话机器人架构主要基于模板和规则，如 AIML（Artificial Intelligence Markup Language）。

这里以 AIML 的查询天气模板为例讲述规则系统。

```xml
<?xml version="1.0" encoding="UTF-8"?>
<aiml version="1.0">

<category>
<pattern>*</pattern>
<that>你现在在什么地方</that>
<template>
<think><set name="where"><formal><star/></formal></set></think>
<random>
  <li><get name="where"/>是个好地方.</li>
  <li>真希望我也在<get name="where"/>, 陪你.</li>
  <li>我刚刚看了下<get name="where"/>的天气哦.</li>
</random>
</template>
</category>

<category>
  <pattern>外面热吗</pattern>
  <template>
     你现在在<get name="where"/>,
     <system>python getweather.py realtime <get name="where"/>
</system>
  </template>
</category>

<category>
<pattern>告诉我 * 天气</pattern>
<template>
```

```
<system>python getweather.py realtime <star /></system>
</template>
</category>

<category>
<pattern>* 现在天气</pattern>
<template>
<system>python getweather.py realtime <star /></system>
</template>
</category>

</aiml>
```

　　规则的描述主要基于正则表达式或类似正则表达式的模板。将用户的问题匹配到这样的模板上，可以取得预定义好的答案和结果。AIML 本身有比较强大的描述能力，可通过规则从用户问题中获取重要信息，随机选择备选答案，甚至运行相应脚本通过外部 API 获取数据等。事实上，像 AliceBot 这样基于 AIML 的对话机器人，拥有 4 万多个不同的类别数据，是一个海量的规则数据库。

　　使用规则的好处是准确率高，但缺点明显：用户的句式千变万化，规则只能覆盖比较少的部分。仅仅像上面那样询问天气的例子，用户就可以有几百种询问方法。随着时间推移，规则会越写越多，难以维护，还常常互相矛盾，改动一个业务逻辑就会牵一发而动全身。

　　此外，对话机器人需要维护一个庞大的问答数据库，对用户的问题通过计算句子之间的相似度来寻找数据库中已有的最相近的问题从而给出相应答案。知乎和 Quora 的问答网站不希望用户提很多重复的问题，因此对用户的每一个新问题，这些问答网站都会和已有问题进行匹配，由此产生了一些 skip-thought 计算句向量等方法。

　　当前主流的人机对话流程比较统一，主要包括模块化的 5 个部分：用户语音转文字的语音识别模块、对用户问题进行处理的自然语言理解模块、按照当前对话状态决定系统反应的对话管理模块、反馈给用户内容的自然语言生成模块，以及将反馈变为语音的语音合成模块，如图 1-6 所示。本书重点讨论其中的自然语言理解模块和对话管理模块。

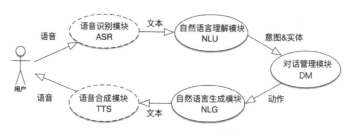

图 1-6　人机对话流程示意图

下面将分别进行介绍。

1.3.3　语音识别

语音识别（Automatic Speech Recognition，ASR）也称语音转文字（Speech To Text，STT），是将人类的语音内容转换为相应文字的技术。这方面已经有了比较多的商业解决方案（科大讯飞、百度、Nuance 等）和开源项目（Kaldi、DeepSpeech 等），技术已经相对成熟。

1.3.4　自然语言理解

自然语言理解（Natural Language Understanding，NLU）是一个比较宽泛的领域。这里的 NLU 是指分析用户语言中表达的意图（intent）和相关实体（entity）的技术。NLU 模块主要对用户的问题在句子级别进行分类和意图识别（intent classification）；同时在词级别找出用户问题中的关键实体，并且进行实体槽填充（slot filling）。

举一个简单的例子，用户说"我想吃羊肉泡馍"，NLU 模块就可以识别出用户的意图是"寻找餐馆"，而关键实体是"羊肉泡馍"。有了意图和关键实体，就方便了 DM 模块对后端数据库进行查询。若有信息缺失，则继续多轮对话，从而补全其他缺失的实体槽。

从 NLP 和机器学习的角度看，意图识别是一个很传统的文本分类问题，实体槽填充是一个很传统的命名实体识别问题。这两者都需要标注数据。

一个标注数据的例子包含"greet""affirm""restaurant_search""medical"等几种不同的意图；在"restaurant_search"中有"food"这种实体，而在"medical"中有"disease"这种实体。实际上，我们需要比这个多得多的标注数据才可以训练出可用的模型。下面是 Rasa 中 NLU 数据的格式。

```
nlu:
- intent: greet
```

```
examples: |
  - 你好!
  - 早上好!
- intent: affirm
  examples: |
  - 对的。
  - 确实。
- intent: restaurant_search
  examples: |
  - 找个吃[拉面](food)的店。
  - 这附近哪里有吃[麻辣烫](food)的地方?
- intent: medical
  examples: |
- 我[胃痛](disease)，该吃什么药?
```

看上去这和使用规则的 AIML 数据非常相像。然而 NLU 数据实际用到了以这些标注数据训练出的模型更复杂的机器学习模型，表现能力和泛化能力大大增强。只要列出了"拉面"和"麻辣烫"，如果出现"凉皮""糖葫芦"等词，良好的 NLU 系统就会成功地将它们标识为食物。

输入的文本首先要经过分句、分词、词性标注等基础自然语言预处理。对某些应用来讲，指代消解是非常重要的步骤。将原有的指代词甚至零指代补全成完整名称，可以消除很多 NLU 数据的歧义。

然后要进行特征处理和模型训练。在传统上，有很多人工造出来的"number_of_tokens""symbols_in_between""bag_of_words_in_between"等特征，通过线性分类、支持向量机等机器学习分类模型，以及隐马尔可夫模型、条件随机场等机器学习序列标注模型来进行意图识别与实体识别。还有一种方法是在大量语料上使用 word2vec 进行非监督训练，将词的特征隐含在词向量中，通过深度学习的模型来进行意图识别与实体识别。

模型训练方法有比较高的召回率，即可以覆盖更多不同的用户输入。同时，我们可以结合上面提到的规则模块，将一些高精确度的规则整合成为特征的一部分来帮助我们训练机器学习的模型。一种 NLU 的架构方案如图 1-7 所示。

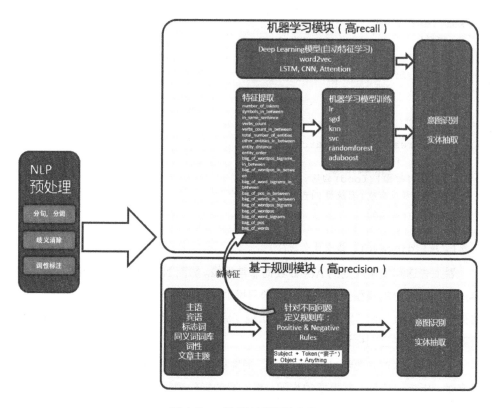

图 1-7　一种 NLU 的架构方案

读者在后面会看到 Rasa 在 NLU 模块中是如何高效而开放地实现 NLP 的。

1.3.5　对话管理

对话管理（Dialog Management，DM）是指根据对话历史状态决定当前的动作或对用户的反应。DM 模块是人机对话流程的控制中心，在多轮对话的任务型对话系统中有着重要的应用。DM 模块的首要任务是负责管理整个对话的流程。通过对上下文的维护和解析，DM 模块要决定用户提供的意图是否明确，以及实体槽的信息是否足够，以进行数据库查询或开始执行相应的任务。

当 DM 模块认为用户提供的信息不全或模棱两可时，就要维护一个多轮对话的语境，不断引导式地询问用户以得到更多的信息，或者提供不同的可能选项让用户选择。DM 模块要存储和维护当前对话的状态、用户的历史行为、系统的历史行为、知识库中的可能结果等。当 DM 模块认为已经清楚得到了全部需要的信息后，就会将用户的查询变成相应的数据库查询语句去知识库（如知识图谱）中查询相应资料，或者实现和完成相应的任务（如购物下单，或者类似 Siri 拨打朋友的电话，或者类似智能家居去拉起窗帘等）。

一个 DM 例子如图 1-8 所示。

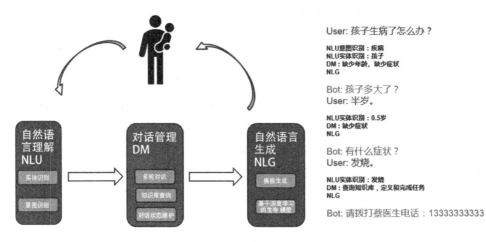

User: 孩子生病了怎么办？

NLU意图识别：疾病
NLU实体识别：孩子
DM：缺少年龄、缺少症状
NLG

Bot: 孩子多大了？
User: 半岁

NLU实体识别：0.5岁
DM：缺少症状
NLG

Bot: 有什么症状？
User: 发烧

NLU实体识别：发烧
DM：查询知识库，定义和完成任务
NLG

Bot: 请拨打蔡医生电话：13333333333

图 1-8　一个 DM 例子

在实际实现中，DM 模块肩负着大量"杂活"，是与使用需求强绑定的，大部分使用规则系统，实现和维护都比较烦琐。因此，在新的研究中，将 DM 模块的状态建模成一个序列标注的监督学习问题，甚至用强化学习（reinforcement learning）加入一个用户模拟器来将 DM 模块训练成一个深度学习的模型。我们后面会看到 Rasa 在其 Core 模块中是如何简洁又巧妙地实现 DM 的。

1.3.6　自然语言生成

自然语言生成（Natural Language Generation，NLG）是将意图和相应的实体转换成人类用户可以理解的文本的过程。当前主要的方案有模板法和神经网络序列生成法。模板法生成的响应比较单一刻板，然而由于模板是人工设计的，所以可读性最佳。神经网络序列生成法的生成形式变化多样，类似千人千面的响应，但由于全部依靠网络自动生成，因此响应的质量和稳定性难以控制。目前在实际应用中，多以模板法为主，对模板法稍加改造（如随机选择一组模板中的一个）以克服其过于呆板的缺点。

NLG 模块是机器与用户交互的"最后一公里"。闲聊机器人往往在大量语料上用一个 seq2seq 的生成模型，直接生成反馈给用户的自然语言。然而这个模型的结果在垂直领域的以任务为目标的客服对话机器人中往往不适用；用户需要的是解决问题的准确答案，而不是俏皮话。我们只能等未来有一天数据足够多、模型足够好时，才可以真正生成准确且以假乱真的自然语言。

在这之前，NLG 大部分使用的方法应该仍然基于规则的模板填充，有点像实体槽提取的反向操作，将最终查询的结果嵌入模板中生成回复。在手动生成模板之余，也有用深度学习的生成模型通过数据自主学习生成带有实体槽的模板的。

当下，有很多人尝试用深度学习做端到端的以任务为目标的对话机器人，有的基于传统的对话机器人架构，即"NLU + DM + NLG"，每一个模块都换成深度学习模型，再加入用户模拟器进行强化学习，进行端到端的训练；还有的使用"Memory Networks"方式，偏向于 seq2seq，将整个知识库都编码在一个复杂的深度网络中，再和编码过的问题结合起来解码生成答案。这主要应用在机器阅读理解上，著名的是斯坦福的 SQuAD 比赛，有一些神乎其技的结果，但在垂直领域任务导向的对话机器人上的成功应用还有待观察。

1.3.7　语音合成

语音合成也称文字转语音（Text To Speech，TTS），是将文字转换成人类可以理解的语音技术。TTS 已经发展许多年，业界有比较成熟的解决方案，从效果来说达到了可以实用的地步。出于研发成本的考虑，在实际使用中多直接使用专业公司（科大讯飞、百度）提供的 TTS 引擎或服务。

1.4　Rasa 简介

Rasa 是一个用于构建对话机器人（智能助手）的开源机器学习框架。它拥有大量的可扩展特性，几乎覆盖了对话系统的所有功能，是目前主流的开源对话机器人框架。

Rasa 框架包含 4 个部分。

- Rasa NLU：提取用户想要做什么和关键的上下文信息。
- Rasa Core：基于对话历史，选择最优的回复和动作。
- 通道（channel）和动作（action）：连接对话机器人与用户及后端服务系统。
- tracker store、lock store 和 event broker 等辅助系统。

1.4.1　系统结构

Rasa 的核心部分可以分为 Rasa 和 Rasa SDK。Rasa 又可以细分为 Rasa NLU 和 Rasa Core 两个子部分。Rasa NLU 主要负责将用户的输入转换成意图和实体信息，这一过程就是自然语言理解（Natural Language Understanding，NLU）。Rasa Core 主要负责基于当前和历史的对话记录（Rasa NLU 的输出是对话记录的一部分），决策下一个动作（action），下一个动作可能是回复用户某种消息、调用用户自定义的动作类（class）。

Rasa SDK 是 Rasa 提供的帮助用户构建自定义动作的软件开发工具包（Software Development Kit，SDK）。大多数机器人都调用外部服务来完成功能。例如，天气查询机器人需要天气信息服务商的接口来完成实际天气情况的查询，订餐机器人需要调用外部服务完成金融消费和餐品下单。在 Rasa 中，这种由具体业务决定的动作被称为自定义动作（custom action）。自定义动作运行在一个单独的服务器进程中，也被称为动作服务器（action server）。动作服务器通过 HTTP（HyperText Transfer Protocol）和 Rasa Core 通信。

一个完整的机器人需要一个用户友好的使用界面，Rasa 通过通道（channel）支持多种流行的即时通信软件（Instant Messaging，IM）对接 Rasa。

Rasa 核心工作逻辑和流程如图 1-9 所示。

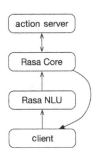

图 1-9　Rasa 核心工作逻辑和流程

值得一提的是，Rasa 在软件包的规划上是经过充分考虑的。按照软件系统的结构反映组织结构的理论，也就是康威定律（Conway's Law），Rasa NLU 和 Rasa Core 属于结合比较紧密的，都位于名为 Rasa 的软件包中，而 Rasa SDK 单独成为一个软件包。Rasa 的软件包如此设计，是考虑到通常情况下 Rasa NLU 和 Rasa Core 由算法团队负责，而自定义动作的开发由 Python 工程师团队负责。两个团队可以在低耦合的情况下，各自独立开发，独立部署，独立改进，从而提高工作效率。

1.4.2 如何安装 Rasa

安装 Rasa 非常容易，在命令行中使用 pip 命令即可安装。

```
pip install rasa
```

1.4.3 Rasa 项目的基本流程

构建一个完整的 Rasa 项目工程会有如下步骤。

（1）初始化项目。

（2）准备 NLU 训练数据。

（3）配置 NLU 模型。

（4）准备故事（story）数据。

（5）定义领域（domain）。

（6）配置 Rasa Core 模型。

（7）训练模型。

（8）测试机器人。

（9）让人们使用机器人。

后续将全面介绍上述流程。

1.4.4 Rasa 常用命令

Rasa 常用命令如表 1-1 所示。

表 1-1 Rasa 常见命令

命　　令	功　　能
rasa init	创建一个新的项目，包含样本训练模型、配置和动作
rasa train	使用 NLU 训练数据、故事数据和配置训练模型，默认情况下模型保存在 ./models 目录中
rasa interactive	交互式的训练：通过和机器人对话修正可能的错误，并将对话数据导出（后续章节有详细介绍）
rasa run	运行 Rasa 服务器
rasa shell	等价于执行 rasa run 命令，开启基于命令行界面的对话界面和机器人交流
rasa run actions	运行 Rasa 动作服务器
rasa x	启动 Rasa X 服务器（如果没有安装 Rasa X 的话会提示安装）
rasa -h	打印 Rasa 命令的帮助信息

1.4.5　创建示例项目

成功安装 Rasa 后，开发者就可以使用 Rasa 自带的命令行工具创建一个示例项目。

```
rasa init
```

rasa init 运行后会询问新创建的项目位于哪里（默认是当前目录），以及创建示例项目后是否立即训练模型（默认是 Yes），开发者可以选择 No，然后自己通过 rasa train 命令训练模型。

示例项目创建成功后，选择的项目目录（默认是当前目录）下将会增加如下文件。

```
.
├── actions
│   ├── actions.py
│   └── __init__.py
├── config.yml
├── credentials.yml
├── data
│   ├── nlu.yml
│   ├── rules.yml
│   └── stories.yml
├── domain.yml
├── endpoints.yml
└── tests
    └── test_stories.yml
```

所有 Rasa 命令行工具都默认使用这套文件目录布局，因此这是创建 Rasa 工程的最佳方法。我们鼓励通过在命令行（需要将工作目录切换至项目目录中）中运行 rasa train 命令来训练这个项目模型，并通过使用 rasa shell 命令来和机器人进行对话，探索示例机器人。

1.5　小结

在本章中，我们介绍了聊天机器人的基本知识和理论上构建聊天机器人的方法。我们还简要介绍了 Rasa 框架：Rasa 的架构结构、工作流程和命令行工具。

在第 2 章中，我们将深入讨论 Rasa 框架的 NLU 部分。

Rasa NLU 基础

本章将介绍在 Rasa 上如何实现自然语言理解（Natural Language Understanding，NLU）。

2.1 功能与结构

Rasa NLU 负责意图提取和实体提取。例如，输入"明天上海的天气如何？"，Rasa NLU 要提取出该句子的意图是查询天气，以及相应的实体值和类型名：明天是日期；上海是城市。

从结构上来说，Rasa NLU 使用有监督算法来完成功能，因此需要开发者提供适当数量的语料，语料包含意图信息和实体信息。Rasa NLU 在软件架构上设计得很灵活，允许开发者使用各种算法来完成功能，这些算法的具体实现被称为组件（component）。为了让组件灵活配置和维持正确的前后组件的依赖关系，Rasa NLU 引入了基于有向无环图（Directed Acyclic Graph，DAG）的组件配置系统。有向无环图描述了模型中的组件之间的依赖关系，以及数据如何在它们之间流动。这有两个主要的好处：有向无环图可以优化模型的执行和灵活地表示不同的模型架构。

后面将逐一介绍 Rasa NLU 的核心要素。

2.2 训练数据

在示例项目的文件列表中的 data/nlu.yml 正是 Rasa NLU 的数据文件，其内容如下。

```
version: "3.0"

nlu:
- intent: greet
  examples: |
    - hey!
    - hello!
    - hi!
    - hello there!
    - good morning!
    - good evening!
    - moin!
    - hey there!
    - let's go!
    - hey dude!
    - goodmorning!
    - goodevening!
    - good afternoon!

- intent: goodbye
  examples: |
    - cu!
    - good bye!
    - cee you later!
    - good night!
    - bye!
    - goodbye!
    - have a nice day!
    - see you around!
    - bye bye!
    - see you later!

- intent: affirm
  examples: |
    - yes!
    - y!
    - indeed!
```

```
      - of course!
      - that sounds good!
      - correct!

- intent: deny
  examples: |
      - no!
      - n!
      - never!
      - I don't think so!
      - don't like that!
      - no way!
      - not really!

- intent: mood_great
  examples: |
      - perfect!
      - great!
      - amazing!
      - feeling like a king!
      - wonderful!
      - I am feeling very good.
      - I am great.
      - I am amazing.
      - I am going to save the world.
      - super stoked!
      - extremely good!
      - so so perfect!
      - so good!
      - so perfect!

- intent: mood_unhappy
  examples: |
      - my day was horrible.
      - I am sad.
      - I don't feel very well.
      - I am disappointed.
      - super sad.
      - I'm so sad.
      - sad.
      - very sad.
```

```
  - unhappy.
  - not good.
  - not very good.
  - extremly sad.
  - so saad.
  - so sad.

- intent: bot_challenge
  examples: |
  - are you a bot?
  - are you a human?
  - am I talking to a bot?
  - am I talking to a human?
```

Rasa NLU 的训练数据为 YAML 格式。YAML 是一种通用的数据存储和交换格式，具有人类可读可写性好、编程语言支持度广的优点。

从结构上来说，Rasa NLU 的训练数据都在键（key）为 nlu 的列表内。列表中每个元素都是一个字典，依靠字典中某个具有特殊含义的键来区分不同字典的功能。具有特殊含义的键有 intent、synonym、regex 和 lookup。除 intent 外，其他 3 个都是可选的，因此没有在官方的示例项目中出现。下面将详细介绍每个部分。

2.2.1　意图字段

具有 intent 键表明当前的对象是用来存储训练样例的。intent 对应的值是意图名。需要注意的是意图名中不能包含 "/" 字符，因为 Rasa 已经将这个字符保留了，具有特殊意义，第 4 章将会解释原因。训练样例对象有一个名字为 examples 的列表，每个列表里面都是一个训练样本。

下面是一个完整的训练样例。

```
- intent: greet
  examples: |
    - hey!
    - hello!
    - hi!
    - hello there!
    - good morning!
    - good evening!
    - moin!
    - hey there!
```

```
- let's go!
- hey dude!
- goodmorning!
- goodevening!
- good afternoon!
```

训练数据中普通的字符直接用字符表示即可。实体用 Markdown 语法中 URL 的表示方法，也就是[实体值](实体类型名)。实体的值（也就是实体值）用[]包裹起来，紧随着用()包裹起来的实体的类型（也就是实体类型名）。例如，[明天](日期)[上海](城市)的天气如何？表示训练语句是"明天上海的天气如何？"，其中，明天是日期，上海是城市。

Rasa 为更加复杂的标记情况增加了一种语法：[实体值]{"key": "value", ...}，其中{"key": "value", ...}部分是一个有效的 JSON 格式的字典。在这种标记体系语法下，[实体值](实体类型名)的标记体系就是[实体值]{"entity": "实体类型名"}。该语法中合法的键还有 rule、group 和 value。我们将在第 7 章介绍 rule 和 group 的含义和使用方法。

具体例子如下。

```
[明天]{"entity": "日期"}[上海]{"entity": "城市"}的天气如何？
```

2.2.2　同义词字段

具有 synonym 键表明当前的对象是用来存储同义词信息的。例如，西红柿是番茄的同义词，后者更为正式。在启动 EntitySynonymMapper 组件（后续章节将会介绍）的情况下，推理时会将得到的实体值的同义词替换成它的"标准词"。

下面是同义词配置的完整示例。

```
nlu:
- synonym: 番茄
  examples: |
    - 蕃茄。
    - 西红柿。
    - 洋柿子。
    - 火柿子。
```

上述配置表示，提取的实体值无论是蕃茄、西红柿，还是洋柿子，都会将实体的具体值替换成"标准词"：番茄。这个特性只会修改实体的值，并不会影响实体的类型。

注意：同义词是在实体被识别后实体的值被替换成标准值的过程中使用的，因此同义词定义不会对实体识别的提高有帮助，只会帮助后续对话处理动作更统一地处理实体的值。

2.2.3　查找表字段

具有 lookup 键表明当前的对象是用来存储查找表的。在实体识别和意图识别的时候，如果开发者能给这些组件一些额外的特征，那么将提高这些组件的准确度。其中一种方式就是提供一个特征词列表，这个特征词列表就是查找表。

下面是一个查找表的示例。

```
nlu:
- lookup: 城市
  examples: |
    - 北京
    - 上海
    - ...
    - 广州
    - 深圳
```

当特征表中的数据和文本匹配时，查找表就会把相应位置的特征值设置为 1，没有匹配上的设置为 0，如图 2-1 所示。

图 2-1　查找表特征工作原理示意图

在图 2-2 中，如果车站列表中存在"上海虹桥站"和"北京南站"，语句"订一张上海虹桥站到北京南站的车票"就会有查找表特征：[0 0 0 1 1 1 1 1 0 1 1 1 1 0 0 0]。合法的车站名是可以穷举的，因此可以做成一个查找表。有了查找表特征的支持，模型就拥有了更多的知识来进行预测。模型会重点考虑这些查找表特征所标记的词句，因此，即使推理时出现训练数据中没有出现的车站名，模型也能在查找表特征的帮助下，正确地提取出车站名。

2.2.4　正则表达式字段

具有 regex 键表明当前的对象是用来存储正则表达式的。利用正则表达式匹配某种模式后，将这种模式是否出现作为特征传给 NER 组件或意图识别组件，以提高组件的性能。

Rasa 中的正则表达式采用 Python 正则表达式作为后端引擎。

```
nlu:
- regex: help
 examples: |
   - \bhelp\b
```

正则表达式特征有很多优点，如使用常规的 NER 组件提取身份证号码、电话号码和 IP 地址这类实体时很难做到非常精准，但使用正则表达式就可以轻松完成。因此在特别规则的 NER 识别过程中，可以利用正则表达式特征提高识别准确率。

正则表达式特征工作原理示意图如图 2-2 所示。

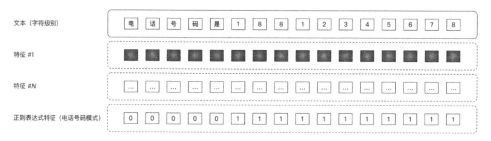

图 2-2 正则表达式特征工作原理示意图

图 2-2 的文本中包含电话号码，通常的 NER 组件在默认特征下难以非常准确地提取电话号码，而人们很容易知道这是电话号码：中国的电话号码以 1 开头，第 2 位是 3、5 或 8，共 11 位数字。用正则表达式可以表达为[1]+[358]+\d{9}，电话号码的字符特征值为 1，非电话号码的字符特征值为 0。

2.2.5 正则表达式和查找表的使用

在 Rasa 中，正则表达式和查找表可以通过 2 种方式使用。

- 作为 NER 组件的输入特征之一。一个足够聪明的 NER 组件应该能在特征中发现规律，适当地使用我们提供的建议信息。这里值得说明的是，我们提供的特征只建议模型这有可能是电话号码，而不肯定这是电话号码，因为身份证号码中也可能会出现电话号码。模型需要根据上下文的信息决定是否采用我们的建议。正则特征只是一种帮助模型提取文本特征的手段，开发者依旧要定义意图和实体的训练样本。需要注意的是，为了让模型能够学习查找表特征对模型预测的影响，用户要确保在训练数据中有部分训练数据和查找表特征词汇一致，否则模型会认为预测结果和正则表达式或查找表之间不存在任何关联。另外，开发者要保证查找表数据中的数据没有错误或噪声，否则可能适得其反（模型过度信任正则表达式或查找表提供的特征），模型性能下降。

- 作为 NER 组件的输入。Rasa 中有 RegexEntityExtractor，可以按照正则表达式和查找表数据提取实体，这是一种非常机械的实体提取手段，但在某些场合下非常实用。

2.3 组件

Rasa NLU 是一个基于有向无环图的通用框架。有向无环图是由组件（component）相互连接构成的。

有向无环图定义了各个组件之间数据的前后流动关系，组件之间是存在依赖关系的，任意一个组件的依赖需求没有被满足都将导致执行出错。Rasa NLU 会在启动的时候检查是否每一个组件的依赖需求都被满足，如果没有满足，则终止运行并给出相关的提示消息。

组件具有以下特征。

- 组件之间的顺序关系至关重要。例如，NER 组件需要前面的组件提供分词结果才能正常工作，因此前面的组件中必须有一个分词器。
- 组件是可以相互替换的。例如，清华大学开发的分词器和北京大学开发的分词器均能提供分词结果。
- 有些组件是互斥的。例如，分词结果不能同时由两个分词器提供，否则会出现混乱。
- 有些组件是可以同时使用的。例如，提取文本特征的组件可以同时使用基于规则的和基于文本嵌入向量的组件。

一个 NLU 应用通常有实体识别和意图识别两个任务。为了完成这些任务，一个典型的 Rasa NLU 配置通常包含如图 2-3 所示的各类组件。

图 2-3 典型 Rasa NLU 组件

下面将围绕图 2-3 详细说明。

（1）语言模型组件：为了加载模型文件，为后续的组件提供框架支持，如初始化 spaCy 和 BERT。

（2）分词组件：将文本分割成词，为后续的高级 NLP 任务提供基础数据。

（3）特征提取组件：提取词语序列的文本特征。可以同时使用多个特征提取组件。

（4）NER 组件：根据前面提供的特征对文本进行命名实体的识别。

（5）意图分类组件：按照语义对文本进行意图的分类，也称意图识别组件。

（6）结构化输出组件：将预测结果整理成结构化数据并输出。这一部分功能不是以组件的形式提供的，而是流水线内建的功能，开发者不可见。

2.3.1 语言模型组件

语言模型组件加载预训练的词向量模型。目前有 2 个语言模型组件，如表 2-1 所示。

表 2-1 语言模型组件

组　　件	备　　注
spaCyNLP	该组件所需的模型需要提前下载到本地，否则会出错，具体下载操作请参考 spaCy 官方网站
MitieNLP	Mitie 需要有预先训练好的模型。预训练的操作指南及中文预训练模型可以在网上搜索得到

事实上在 Rasa 2.0 的早期版本中，还有一个语言模型组件叫作 HFTransformersNLP。由于技术性调整，这个组件的功能被迁移至 LanguageModelFeaturizer 中。LanguageModelFeaturizer 组件将会在后面介绍。

2.3.2 分词组件

Rasa 分词组件中支持中文语言的分词器如表 2-2 所示。

表 2-2 分词器列表

组　　件	依　　赖	备　　注
JiebaTokenizer	Jieba	
MitieTokenizer	Mitie	经过改造可以支持中文分词，官网有相关链接
spaCyTokenizer	spaCy	

想用其他的分词器？当然没问题，因为 Rasa NLU 采用有向无环图机制，扩展起

来非常容易，只需要自己实现一个分词组件就可以了。我们将在第 9 章演示如何实现和使用自定义的中文分词器。

2.3.3　特征提取组件

无论是实体识别还是意图分类，都需要上游的组件提供特征。开发者可以选择同时使用多个组件提取特征，这些组件在实现层面上进行了合并特性的操作，因此可以和任意的特征提取组件一起使用，如表 2-3 所示。

表 2-3　特征提取组件

组　　件	依赖的组件	备　　注
MitieFeaturizer	MitieNLP	
spaCyFeaturizer	spaCyNLP	
ConveRTFeaturizer	分词组件	基于 Poly AI 的 ConveRT 模型
LanguageModelFeaturizer	分词组件	基于 HuggingFace 的 transformers 库
RegexFeaturizer	分词组件	该组件会读取训练数据中的正则表达式配置
CountVectorsFeaturizer	分词组件	使用的是词袋模型
LexicalSyntacticFeaturizer	分词组件	提供词法和语法特征，如是否句首、句尾和是否纯数字等

2.3.4　NER 组件

Rasa 支持多种 NER（命名实体）组件，多数组件不可同时使用，少数组件可以有条件地和其他组件同时使用。有些组件只提供预定义实体，不能训练开发者自己的实体。

NER 组件如表 2-4 所示。

表 2-4　NER 组件

组　　件	备　　注
CRFEntityExtractor	
spaCyEntityExtractor	只能使用 spaCy 内置的实体提取模型，无法进行再训练。内置的实体种类包含人名、地名和组织结构名等
DucklingHTTPExtractor	只能使用预定义的实体，不能再训练。内置的实体种类包括邮箱、距离、时间等
MitieEntityExtractor	
EntitySynonymMapper	用于同义词改写，将提取到的实体标准化
DIETClassifier	
RegexEntityExtractor	读取训练数据中的查找表及正则表达式，用于提取实体

2.3.5　意图分类组件

意图分类组件也称意图识别组件。意图分类组件如表 2-5 所示。

表 2-5　意图分类组件

组　　件	依　　赖	备　　注
MitieIntentClassifier	Mitie	
SklearnIntentClassifier	Scikit-learn	
KeywordIntentClassifier		
DIETClassifier	TensorFlow	
FallbackClassifier		如果其他组件预测的 intent 得分过低，则该组件将 intent 更改为 NLU fallback。我们将在第 5 章详细介绍该组件

2.3.6　实体和意图联合提取组件

Rasa 提供 DIETClassifier［基于 Rasa 自行研发的 DIET（Dual Intent Entity Transformer）技术］用户实体和意图的联合建模。

2.3.7　回复选择器

对于 FQA 等简单的 QA 问题，只需要使用 NLU 部分就可以轻松完成，因此 Rasa 提供了回复选择器（ResponseSelector）组件。我们将在第 4 章详细介绍这一组件的使用。

2.4　流水线

正如前面章节提到的，Rasa NLU 基于有向无环图进行组件的配置，这种有向无环图在 Rasa 中称为流水线（pipeline）。

2.4.1　什么是流水线

流水线定义了各个组件和组件之间的依赖关系，允许开发者对各个组件进行配置。

2.4.2　配置流水线

Rasa NLU 的配置文件使用的是 YAML 格式。下面是 Rasa NLU 配置的文件的样例。

```
recipe: default.v1

language: en

pipeline:
 - name: WhitespaceTokenizer
 - name: RegexFeaturizer
 - name: LexicalSyntacticFeaturizer
 - name: CountVectorsFeaturizer
 - name: CountVectorsFeaturizer
   analyzer: char_wb
   min_ngram: 1
   max_ngram: 4
 - name: DIETClassifier
   epochs: 100
 - name: EntitySynonymMapper
 - name: ResponseSelector
   epochs: 100
 - name: FallbackClassifier
   threshold: 0.3
   ambiguity_threshold: 0.1
```

大体上 Rasa NLU 的配置文件可以分为 3 个主要的键：recipe、language 和 pipeline。

recipe 用于表示当前配置文件所用的格式。当前 Rasa 只支持一种格式，那就是 default.v1。

language 用于指定 Rasa NLU 将要处理的语言。Rasa 作为一款通用的对话机器人框架，本身是语言无关（language agnostic）的，任何语言都能使用。但是组件本身很可能是语言相关的，某些组件只支持特定的语言，如分词器，特定的分词器只支持一种或多种语言，无法支持所有可能的语言。举例来说，Jieba 分词器就不能正确地处理日文的分词。另外，一些组件对于不同的语言有不同的模型数据包，如 spaCy。Rasa 提供了 language 配置选项，方便组件对当前训练数据的语言进行判断。如果当前语言是不支持的语言，则可以通过抛出异常的方式通知开发者，让开发者更换其他语言的组件。如果组件支持该语言，但模型对于每种语言有不同的模型数据包，则可以在运行时利用 language 选项，加载相应的模型数据包。例如，在使用 spaCy 的时候，会默认载入和 language 同名的语言模型。其配置形式为 language:<lang_code>，其中<lang_code>是 ISO 639-1 规范下的语言代码，英语的语言编码为 en，中文的语言编码为 zh。如果省略该字段，则默认为 en。

pipeline 是配置文件的核心，由列表构成（表现在 YAML 中就是以 "－" 开头的），列表的每一个元素都是一个字典（表现在 YAML 中类似于 name: xxx），这些字典直接对应流水线组件。每个组件由字典的 name 键来指定，出现在字典中的其他键都是对这个组件的配置，运行时将传递给各个组件。

在上例中，共有 6 个组件。其中 CountVectorsFeaturizer 组件出现了 2 次（Rasa 允许多个组件同时出现在一个流水线中），第 2 次出现的组件拥有 3 个配置项：analyzer: char_wb、min_ngram: 1 和 max_ngram: 4。

2.4.3　推荐的流水线配置

在前面介绍组件的时候，我们看到了很多 Rasa 组件。这些组件组合在一起有非常多的可能。那么哪一种组合适合我们的中文开发者呢？我们推荐一种流水线配置。

```
recipe: default.v1
language: "zh"
pipeline:
  - name: JiebaTokenizer  # 后续将替换成更合适的组件，见第 9 章
  - name: LanguageModelFeaturizer
    model_name: "bert"
    model_weights: "bert-base-chinese"
  - name: "DIETClassifier"
```

上述流水线使用了基于 BERT 的语言模型和架构，性能非常优秀。值得说明的是，这里使用了 JiebaTokenizer 作为分词器。分词结果可能和实体边界产生冲突，从而触发 misaligned entity annotation 错误。我们将在第 9 章介绍来自社区的 BERT 分词组件，可以完美解决这个难题。

2.5　输出格式

理解 NLU 返回结果的格式，对开发者进行调试或测试将有极大的帮助。

Rasa NLU 的推理（预测）输出格式如下。

```
{
  "text": "show me chinese restaurants",
  "intent": "restaurant_search",
  "entities": [
    {
```

```
      "start": 8,
      "end": 15,
      "value": "chinese",
      "entity": "cuisine",
      "extractor": "CRFEntityExtractor",
      "confidence": 0.854,
      "processors": []
    }
  ]
}
```

输出内容主要包括 text、intent 和 entities 3 个部分，分别表示请求文本、意图识别和实体识别。请求文本就是用户输入的文本。除上述部分外，还可能出现由组件提供的其他字段，如可能会出现 response_selector 字段，示例如下。

```
{
  "text": "show me chinese restaurants",
  "intent": "restaurant_search",
  "entities": [
    {
      "start": 8,
      "end": 15,
      "value": "chinese",
      "entity": "cuisine",
      "extractor": "CRFEntityExtractor",
      "confidence": 0.854,
      "processors": []
    }
  ],
  "response_selector": {
    "default": {
    "response": {
      "name": null,
      "confidence": 0.0
    },
    "ranking": []
    }
  }
}
```

2.5.1 意图字段

意图字段可以是一个表示意图的字符串，如下所示。

```
"intent": "restaurant_search"
```

意图字段也可以是表示意图和置信度（confidence）的字典，如下所示。

```
"intent": {
  "name": "greet",
  "confidence": 0.9968444108963013
}
```

在有置信度的情况下，通常会提供 intent_ranking 用于输出其他意图的得分情况，如下所示。

```
{
  "intent": {
    "name": "greet",
    "confidence": 0.9968444108963013
  },
  "entities": [],
  "intent_ranking": [
    {
      "name": "greet",
      "confidence": 0.9968444108963013
    },
    <!-- 这里省略若干相似输出 -->
    {
      "name": "mood_great",
      "confidence": 5.138086999068037e-05
    }
  ],
  "text": "hello"
}
```

2.5.2 实体字段

实体识别的结果包含实体在文本中的开始位置（start）、结束位置（end）、实体的值（value）、实体的类型（entity）。除这几个常见字段外，结果中还可能包含其他辅助信息，如置信度（confidence）、提取器信息（extractor_info）。需要注意，实体的值可能和文本对应位置的值不一致，这是因为一些高级组件可能会在原始值的基础上进行一些加工，方便开发者使用，如将日期解析成标准日期格式。

下面是一个实体的示例。

```
"entities": [
    {
        "start": 8,
        "end": 15,
        "value": "chinese",
        "entity": "cuisine",
        "extractor": "CRFEntityExtractor",
        "confidence": 0.854,
        "processors": []
    },
    <!-- 其他实体 -->
]
```

2.5.3 其他可能字段

除此之外，实体识别的结果还可能包含由组件提供的其他字段，如下。

```
{
    "additional_info":{
        "grain":"day",
        "type":"value",
        "value":"2018-06-21T00:00:00.000-07:00",
        "values":[
            {
                "grain":"day",
                "type":"value",
                "value":"2018-06-21T00:00:00.000-07:00"
            }
        ]
    },
    "confidence":1.0,
    "end":5,
    "entity":"time",
    "extractor":"DucklingHTTPExtractor",
    "start":0,
    "text":"today",
    "value":"2018-06-21T00:00:00.000-07:00"
}
```

上面的例子是 DucklingHTTPExtractor 组件提供的实体信息，DucklingHTTPExtractor 组件在其中增加了 additional_info 字段。

2.6 如何使用 Rasa NLU

Rasa 是一种高度内聚的框架，可以使用 Rasa 自带的命令行工具进行模型训练和推理等任务。

2.6.1 训练模型

在配置了流水线和训练数据以后，我们就可以训练模型了。Rasa 提供了相关的命令行，帮助我们快速训练模型。由于我们使用的是官方生成的项目（project）结构，因此官方的训练程序能够按照约定的位置找到配置文件和数据。

训练模型的命令如下。

```
rasa train nlu
```

这条命令将会从 data/目录查找训练数据，使用 config.yml 作为流水线配置并将训练后的模型（一个压缩文件）保存在 models/目录中，模型的名字以 nlu-为前缀。

2.6.2 从命令行测试

为了能够直接试用模型，Rasa 提供了能让命令行和模型交互的命令。

```
rasa shell nlu
```

这将开启 rasa shell，我们可以在 rasa shell 中和模型进行基于文本的交互。在有多个模型的情况下（也就是 models 目录下有多个模型文件），会选择最新的一个模型载入并使用。

如果想自行指定模型，则可以使用如下命令。

```
rasa shell -m models/nlu-<timestamp>.tar.gz
```

下面是 rasa shell 的使用界面。

```
NLU model loaded. Type a message and press enter to parse it.
Next message:
hello  <!-- 这里是用户自己输入的 -->
{
  "intent": {
    "name": "greet",
    "confidence": 0.9968444108963013
```

```
    },
    "entities": [],
    "intent_ranking": [
      {
        "name": "greet",
        "confidence": 0.9968444108963013
      },
      <!-- 这里省略若干相似输出 -->
      {
        "name": "mood_great",
        "confidence": 5.138086999068037e-05
      }
    ],
    "response_selector": {
      "default": {
        "response": {
          "name": null,
          "confidence": 0.0
        },
        "ranking": []
      }
    },
    "text": "hello"
}
Next message:
|    <!-- 这里等待用户的输入 -->
```

2.6.3　启动服务

Rasa NLU 提供了 RESTful HTTP API 的服务形式，使用如下命令开启。

```
rasa run --enable-api
```

我们可以通过向/model/parse 路径发送请求的方式使用预测服务，如使用 curl 作为客户端。

```
curl localhost:5005/model/parse -d '{"text":"hello"}'
```

在实际调试中，开发者可以考虑使用 postman 等工具发送请求。图 2-4 所示为使用 postman 发送 NLU 请求并查看结果。

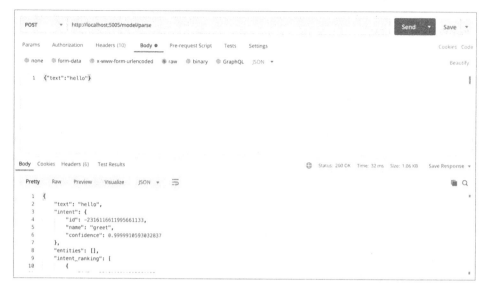

图 2-4　使用 postman 发送 NLU 请求并查看结果

2.7　实战：医疗机器人的 NLU 模块

2.7.1　功能

在学习完 Rasa NLU 模块后，检验学习效果最好的办法就是实战。本项目将构建一个简单的医疗领域机器人的 NLU 模块。它支持以下实体和意图的识别。

- 对药品查询或医院、科室查询的意图识别。
- 对疾病和病症的实体识别。
- 简单地打招呼。

2.7.2　实现

遵循 Rasa 官方的项目目录布局，我们的项目目录布局如下。

```
.
├── actions
│   ├── actions.py
│   └── __init__.py
├── config.yml
├── credentials.yml
├── data
```

```
|     └── nlu.yml
├── domain.yml
├── endpoints.yml
├── log
├── models
└── tests
```

在本项目中，actions/actions.py 和 actions/__init__.py 文件内容为空。其余文件内容将逐一介绍。

2.7.2.1　data/nlu.yml

```
version: "3.0"
nlu:
  - intent: greet
    examples: |
      - 你好！
      - 您好！
      - hello！
      - hi！
      - 喂！
      - 在么！
  - intent: goodbye
    examples: |
      - 拜拜！
      - 再见！
      - 拜！
      - 退出。
      - 结束。
  - intent: medicine
    examples: |
      - [感冒](disease)了，该吃什么药？
      - 我[便秘](disease)了，该吃什么药？
      - 我[胃痛](disease)，该吃什么药？
      - 一直[打喷嚏](disease)，吃什么药好？
      - 父母都有[高血压](disease)，我应该推荐他们吃什么药好呢？
      - 头上烫烫的，感觉[发烧](disease)了，该吃什么药？
      - [减肥](disease)有什么好的药品推荐吗？
  - intent: medical_department
    examples: |
      - [感冒](disease)了，该去哪个科室看病？
      - 我[便秘](disease)了，该去挂哪个科室的号？
```

- 我[胃痛](disease)，该去医院看哪个门诊啊？
- 一直[打喷嚏](disease)，挂哪一个科室的号啊？
- [头疼](disease)，该挂哪个科室？
- intent: medical_hospital
  examples: |
  - 我生病了，不知道去哪里看病。
  - [减肥](disease)，有什么好的医院或健康中心推荐吗？
  - 想做个[体检](disease)，哪家医院或哪里的诊所或健康中心比较实惠啊？
  - 父母都有[高血压](disease)，我应该推荐他们去哪家医院好呢？

2.7.2.2 domain.yml

```
version: "3.0"

intents:
  - greet
  - goodbye
  - medicine
  - medical_department
  - medical_hospital
```

2.7.2.3 config.yml

```
recipe: default.v1

language: zh

pipeline:
  - name: JiebaTokenizer
  - name: LanguageModelFeaturizer
    model_name: bert
    model_weights: bert-base-chinese
  - name: "DIETClassifier"
    epochs: 100

policies:
```

2.7.3 训练模型

运行命令训练 NLU 模型。

```
rasa train nlu
```

训练结束后，模型以一个压缩文件的形式被自动保存在 models 目录下。

2.7.4　运行服务

现在可以使用 Rasa 自带的 rasa shell 客户端来测试我们的 NLU 模型。

```
rasa shell nlu
```

开发者会得到类似下面的界面。

```
NLU model loaded. Type a message and press enter to parse it.
Next message: <!-- 等待用户输入 -->
```

输入想测试的句子，如 "感冒了该吃什么药"，则可以得到如下 NLU 解析结果。

```
{
  "text": "感冒了该吃什么药",
  "intent": {
    "id": 3293274288154357926,
    "name": "medicine",
    "confidence": 0.9997003078460693
  },
  "entities": [
    {
      "entity": "disease",
      "start": 0,
      "end": 2,
      "confidence_entity": 0.995922327041626,
      "value": "感冒",
      "extractor": "DIETClassifier"
    }
  ],
  "intent_ranking": [
    {
      "id": 3293274288154357926,
      "name": "medicine",
      "confidence": 0.9997003078460693
    },
    {
      "id": -2036117490310277608,
      "name": "goodbye",
      "confidence": 0.00023046109708957374
    },
    {
      "id": 639013851670679665,
      "name": "greet",
      "confidence": 6.411805952666327e-05
```

```
  },
  {
    "id": 4606484985294789890,
    "name": "medical_department",
    "confidence": 4.74315311294049e-06
  },
  {
    "id": 5230209087624565332,
    "name": "medical_hospital",
    "confidence": 3.272235744589125e-07
  }
  ]
}
```

2.8   小结

本章介绍了 Rasa 的 NLU 部分。我们分别介绍了训练数据的格式、流水线和组件、输出格式和命令行的命令。至此，读者应该了解了 Rasa NLU 的架构及如何配置，并学会了如何执行模型训练和推理操作。

第 3 章将介绍 Rasa 的对话管理部分：Rasa Core。

Rasa Core 基础

3.1 功能与结构

Rasa Core 是 Rasa 体系中负责对话管理的部分，主要职责是记录对话的过程和选择下一个动作。Rasa Core 是一种机器学习驱动的对话管理引擎。下面我们将介绍 Rasa Core 的组成部分。

3.2 领域

领域（domain）定义了对话机器人需要知道的所有信息，包括意图（intent）、实体（entity）、词槽（slot）、动作（action）、表单（form）和回复（response）。这些信息对模型的输入和输出进行了明确的范围指定。意图和实体表示输入的范围。词槽和表单相当于内部的变量，用于表征状态和存储记忆。动作给定了模型输出的范围。回复字段作为对话机器人回复的模板，既可以认为是一种简单的动作，又可以认为是复杂动作的自然语言生成（Natural Language Generation，NLG）步骤。

一个样例领域文件内容如下。

```
intents:
 - greet
 - default
 - goodbye
```

```
- affirm
- thank_you
- change_bank_details
- simple
- hello
- why
- next_intent

entities:
- name

slots:
  date:
    type: text
    influence_conversation: false
    mappings:
    - type: from_entity
      entity: date

templates:
  utter_greet:
    - "hey there {name}!"          # {name} 是模板变量
  utter_goodbye:
    - "goodbye 😠"
    - "bye bye 😠"                   # 当存在多个模板时，将随机选择一个
  utter_default:
    - "default message"

actions:
  - utter_default
  - utter_greet
  - utter_goodbye
```

3.2.1 意图与实体

意图（intent）和实体（entity）字段都是列表，用于告诉机器人可能需要处理的意图和实体有哪些。这些列表数据应该和 Rasa NLU 中的数据完全一致。

3.2.2 动作

动作（action）是对话管理模型的输出。动作定义了机器人可以执行的动作，如

控制对话按照填表方案进行、回复消息给用户、调用外部 API 或查询数据库等。

在 Rasa 中，以 utter_开头的动作表示渲染同名的模板并发给用户，这属于一种特殊的约定。

Rasa 支持开发者自定义动作，我们将在本章的稍后部分详细介绍。

3.2.3　词槽

词槽（slot）定义了机器人在对话过程中需要跟踪（记忆）的信息。

下面是一个词槽的例子。

```
slots:
  priority:
    type: categorical
    values:
    - low
    - medium
    - high
    mappings:
    - type: from_entity
      entity: priority
```

其中，词槽名字为 priority。每一种词槽都有类型的区别。在上例中，词槽的类型为 categorical。每种类型有自己特有的相关属性设定，可以帮助确定槽值的范围，从而帮助模型更好地将词槽的值转换成机器学习的特征。在本例中，词槽的值被限定为 3 种：low、medium 和 high。

每个词槽的定义还需要给出映射（上例中的 mappings 部分）。映射（mapping）指定了在对话过程中如何自动地为这个词槽赋值。我们将在本章的后续内容中详细介绍词槽映射的功能和设置。

3.2.4　回复

回复（response）定义了机器人回复的模板。具体示例如下。

```
responses:
  utter_greet:
  - "你好 {name}!"        # {name} 是模板变量
  utter_goodbye:
  - "再见 😭"
  - "拜拜 😭"             # 当存在多个模板时，将随机选择一个
  utter_default:
  - "这是一个默认消息"
```

示例中有 3 个模板：utter_greet、utter_goodbye 和 utter_default。所有的回复的名字都以 utter_开头。

Rasa 的模板字符串支持变量，并支持随机选择任一模板。utter_greet 中的{name}是一个变量或占位符，在渲染时会被实际的名为 name 的词槽的真实值替换，也可以在自定义渲染模板时通过类似 dispatcher.utter_message(template="utter_greet", name="Silly")来给出模板变量{name}的实际值（Silly）。utter_goodbye 有 2 个模板：再见😭和拜拜😭，在实际渲染时会从中随机选择一个模板进行渲染。

Rasa 不仅支持普通的文本回复，还支持富回复（rich response）。富回复和常见的富文本（rich text）类似，是指在回复时可以同时使用文本以外的其他信息，如图像或按钮。Rasa 中的富回复需要得到所用通道（也就是即时通信软件）的支持。下面是具体的例子。

```
responses:
  utter_cheer_up:
  - text: "以下是该商品的照片。"
    image: "https://some.url/to/some/image.jpg"
```

还有一种富回复，它支持按钮功能（当然，也需要通道的支持）。下面是具体的例子。

```
responses:
  utter_greet:
  - text: "您的性别？"
    buttons:
    - title: "男性"
      payload: "/set_gender{"gender": "male"}"
    - title: "女性"
      payload: "/set_gender{"gender": "female"}"
```

在上例中，title 字段用于显示给用户看，payload 字段则是用户单击对应按钮时实际发送给 Rasa 的文本。

3.2.4.1 根据通道选择输出模板

不同的通道具有不同的输出，如果一个回复具有多个模板，则可以使用通道（channel）字段指定特定的模板去响应特定的通道。示例如下。

```
responses:
  utter_welcome:
  - text: "亲爱的 slack 用户，您好！"
```

```
        channel: "slack"
  - text: "亲爱的用户，您好！"
```

在上例中，回复 utter_welcome 有 2 个模板，其中第一个模板的文本为"亲爱的 slack 用户，您好！"，这个模板通过 channel: "slack"绑定了 slack 通道。当渲染回复时，如果用户所使用的通道是 slack，就会使用这个绑定的模板。

3.2.4.2　自定义输出内容

对于复杂的输出，Rasa 提供了 custom 字段，方便开发者自定义复杂的响应内容。这需要客户端进行相应的支持。

3.2.5　会话配置

会话（session）是指用户和机器人之间的一场对话。一个会话可能横跨很多轮对话。目前 Rasa 支持的会话配置有 session_expiration_time 和 carry_over_slots_to_new_session。前者表示在用户的最新消息多久后，会话被认为过期；后者表示当新的会话开始时，是否应该将上一个会话的词槽延续（继承）到新的会话。

下面是一个配置示例。

```
session_config:
  session_expiration_time: 60              # 单位是 min，设为 0 表示无失效期
  carry_over_slots_to_new_session: true # 设为 false 表示不继承历史词槽
```

3.2.6　全局性配置

Rasa 目前只有一个全局性配置选项：store_entities_as_slots。这个选项用于决定当得到 NLU 结果时，是否同步更新同名的词槽，其默认值为 true。

3.3　故事

Rasa 是通过学习故事（story）的方式来学习对话管理知识的。故事是一种在较高语义层次上记录对话过程的方式。故事不仅需要记录用户的语义表达，还需要记录系统内部正确的状态变化。

Rasa 使用 YAML 格式来表述故事，下面是一个故事示例。

```
stories:
  - story: 这是一个 story 描述
    steps:
```

```
- intent: greet
- action: action_ask_howcanhelp
- slot_was_set:
  - asked_for_help: true
- intent: inform
  entities:
    - location: "上海"
    - price: "实惠"
- action: action_on_it
- action: action_ask_cuisine
- intent:  inform
  entityies:
    - cuisine: "意大利菜"
- action: restaurant_form
- active_loop: restaurant_form
```

每个故事都是 stories 列表中的一个元素。

故事本身的结构是字典，必须要有的键是 story 和 steps。story 键给出的值代表这个故事的备注（上例中是"这是一个 story 描述"），用于给开发者提供关于这个故事的一些信息。

故事的主体在 steps 键对应的内容中。steps 键通过列表线性地表示用户和机器人之间的交互：每次用户发送消息后，机器人会先执行一次或一系列（多次）任务，再等待用户输入（在故事中没有显式写出），接着用户继续发送消息，如此重复下去。由此可见，故事主要是由用户消息和机器人动作两个部分接替形成的。

3.3.1　用户消息

用户消息保存了用户的意图和实体信息。用户消息在 story 键中的格式如下。

```
- intent: inform
  entities:
    - location: "上海"
    - price: "实惠"
```

在上例中，intent 键提供了意图信息，entities 键提供了实体信息（多个实体）：类型为 location 的实体的值是上海，类型为 price 的实体的值是实惠。

3.3.2　机器人动作与事件

在训练和测试对话管理系统时，Rasa 并不会真正地去执行相关的动作，所以无法获得动作运行的结果（也就是事件）是什么，因此需要开发者在故事中明确地给出。机器人的动作部分可以分为机器人动作名和动作返回事件。

3.3.2.1　机器人动作名

机器人动作名在 YAML 中的表达非常简单，示例如下。

```
- action: action_ask_howcanhelp
```

在上例中，action_ask_howcanhelp 就是机器人动作名。

对于复杂的故事，可能存在用户请求一次后 Rasa 连续执行多次动作的情况，示例如下。

```
- action: action_on_it
- action: action_ask_cuisine
```

3.3.2.2　动作返回事件

对于内置的动作，Rasa 可以在后续处理中按照动作的类型自动给出返回的事件。但是当使用自定义事件的故事时，由于 Rasa 无法在训练阶段确定这样的自定义的动作会给对话状态带来什么样的改变，因此需要开发者手动给出动作改变的状态。这种状态的改变称为事件。常用事件包括词槽事件和 active_loop 事件。

词槽事件就是能对词槽状态进行更改的事件，示例如下。

```
- slot_was_set:
  - asked_for_help: true
```

在上例中，将 asked_for_help 这个词槽的值设置成了 true。

active_loop 事件主要负责激活和取消激活表单（form），示例如下。

```
- active_loop: restaurant_form
```

上例将名为 restaurant_form 的表单激活了。

3.3.3　辅助符号

为了让开发者利用故事更高效地表达复杂情节，Rasa 提供了一些辅助符号。

3.3.3.1　检查点符号

检查点（checkpoint）是用来减少故事中的重复部分的。名字相同的检查点之间可以相互跳转，如下面的例子。

```
stories:
- story: 流程开始
```

```
    steps:
    - intent: greet
    - action: action_ask_user_question
    - checkpoint: check_asked_question

- story: 处理用户确认
    steps:
    - checkpoint: check_asked_question
    - intent: affirm
    - action: action_handle_affirmation
    - checkpoint: check_flow_finished

- story: 处理用户否认
    steps:
    - checkpoint: check_asked_question
    - intent: deny
    - action: action_handle_denial
    - checkpoint: check_flow_finished

- story: 流程完成
    steps:
    - checkpoint: check_flow_finished
    - intent: goodbye
    - action: utter_goodbye
```

一个故事结束时的检查点可以和另一个故事开始时的名字相同的检查点连接，形成新的故事。在上例中，名为"流程开始"的故事可以和名为"处理用户确认"，以及名为"处理用户否认"的故事通过检查点"check_asked_question"连接，形成 2个新的故事。这 2 个新的故事又可以通过名为"check_flow_finished"的检查点和名为"流程完成"的故事连接，形成新的故事。

从上面的例子可以看出，使用检查点可以减少类似情节的重复编写量，但不能滥用检查点，过多地使用检查点会导致故事的可读性变差或故事逻辑错乱。

3.3.3.2 or 语句

有时候，故事仅仅在某个对话节点上存在不同。这时如果为了这个小小的不同而写 2 个几乎完全一样的故事，会给后续维护带来很大的开销。此时可以使用 or 语句来精简故事，示例如下。

```
stories:
- story:
```

```
steps:
# ... previous steps
- action: utter_ask_confirm
- or:
  - intent: affirm
  - intent: thankyou
- action: action_handle_affirmation
```

上面的故事通过 or 语句生成 2 个故事。这 2 个故事的绝大部分都相同，仅有的区别是其中一个步骤用户的意图是 **affirm**，而另一个步骤用户的意图是 **thankyou**。

3.4　动作

动作（action）接收用户输入和对话状态信息，按照业务逻辑进行处理，并输出改变对话状态的事件和回复用户的消息。

3.4.1　回复动作

回复动作和领域里面的回复（response）关联在一起，当调用这类动作时，会自动查找回复中同名的模板并渲染。由于需要和回复模板保持名字相同，因此这类动作和回复模板一样使用 utter_ 开头。

3.4.2　表单

任务型对话的一个重要的模式就是多次和用户交互，以收集任务所需要的要素，直到所需的要素收集完整。这种模式常被称为填表。填表模式十分重要，本书的后面会有专门的章节深入讲解这一部分。

3.4.3　默认动作

Rasa 对比较常见的和业务无关的管理动作提供了默认的动作，如表 3-1 所示。

表 3-1　默认的动作列表

名　　称	功能（效果）
action_listen	停止预测动作，等待用户输入
action_restart	重启对话过程，清理对话历史和词槽。用户可以通过在客户端中输入/restart 来执行此动作

续表

名　　称	功能（效果）
action_session_start	所有的对话开始前都会执行此动作，启动对话过程。当用户不活动时间超过 session_expiration_time 的值时，该动作会拷贝先前会话中的所有词槽至新的会话。和 action_restart 相同，可以通过输入/session_start 的方式来执行此动作
action_default_fallback	重置系统状态至上一轮（就像用户从来没说过这句话，系统也从来没做出反应一样），并将渲染 utter_default 模板作为给用户的消息
action_deactivate_loop	停用当前已经激活的 active_loop，并重置名为 requested_slot 的词槽
action_two_stage_fallback	用于处理 NLU 得分较低时触发的 fallback 逻辑
action_default_ask_affirmation	被 action_two_stage_fallback 使用，要求用户确认他们的意图
action_default_ask_rephrase	被 action_two_stage_fallback 使用，要求用户重新表述
action_back	回退一轮，回退到最后一次用户消息前。用户可以用/back 来执行这个动作

值得一提的是，默认的动作是可以被同名的自定义动作替代的。

3.4.4　自定义动作

多数对话任务都需要开发者自行定义动作，自定义动作完全由开发者实现，可以满足各种后端交互和计算的需求，常见的后端交互包括查询数据库或发起对第三方 API 的请求。

考虑到工业场景的实际情况，Rasa 将自定义动作独立成为一个接口，允许开发者自行开发服务后，用 HTTP 接口的形式和 Rasa 进行交互，从而做到和语言无关，方便开发。为了更好地服务开发者，Rasa 提供了 Rasa SDK 来帮助 Python 开发者快速地构建自定义动作服务器。关于如何自定义动作，本章稍后将会讨论。

3.5　词槽

词槽（slot）是机器人的记忆机制。词槽是以键值对（如，城市:上海）的形式存在的，用于记录对话过程中发生了哪些关键信息，这些信息可能来自用户输入（意图或实体）或后端（如外卖购买结果：成功或者失败）。通常情况下，这些信息对于对话的走向有着至关重要的作用，或者说这些信息会被对话管理系统用于预测下一个动作。

举例来说，在简单的天气查询应用中，城市和日期是决定对话管理系统下一个动作的核心信息。当缺少日期时，机器人会询问日期；当缺少城市时，机器人会询问城市；当两者都存在时，机器人会直接执行查询任务。在这种情况下，系统只关心

"城市"和"日期"词槽是否存在，至于具体的值并不重要，日期是"明天"还是"后天"对预测下一个动作并没有影响。但在某些情况下，有些词槽的不同值对机器人下一步的动作预测有着重大的影响（如火车票订票系统是否成功抢到票）或完全没有影响（如开发者设计使用词槽来存储回复信息）。

一个词槽必须有名字和类型，如下所示。

```
slots:
  slot_name:
    type: text
```

这是一个名为 slot_name 的词槽，其类型为 text。

3.5.1　词槽和对话行为

在词槽中，开发者可以通过 influence_conversation 来设置该词槽对对话过程是否有影响。influence_conversation 是一个布尔选项，默认值为 true。当一个词槽设置为 influence_conversation: false 时，该词槽仅用于存储信息，不会影响对话行为。

下面是一个示例。

```
slots:
  age:
    type: text
    influence_conversation: false
```

在上例中，名为 age 的词槽不会影响对话行为。

3.5.2　词槽的类型

在 Rasa 的设计中，每个词槽都拥有类型，这些类型决定了系统如何处理词槽的值对系统的影响，因此开发者需要非常小心地选择类型。词槽的类型列表如表 3-2 所示。

表 3-2　词槽的类型列表

类　　型	功　　能
text	这一类型的词槽可以存储文本值。Rasa 系统只判断该词槽是否设定了值，而不关心值的内容，因此该词槽比较适合作为通用实体的存储器
bool	这一类型的词槽只存储 true 或 false 的值，适合作为信号处理（如抢火车票是否成功）的存储容器
category	这一类型的词槽只能存储指定的有限个值（等同于编程语言中的枚举值）。值得注意的是，Rasa 会在开发者定义的值之外再增加一个 other，当词槽被赋值时，若这个值并不匹配其他值，则会自动转换成 other。Rasa 可能会根据该词槽取值的不同（转换成独热编码）做出不同的动作。这一类型的词槽适合存储范围有限的值，如性别情况或婚姻状况等

类　型	功　能
float	这一类型的词槽可以用来存储浮点数，同时此类型的词槽需要设定最大值和最小值，如果赋值超出范围就会自动设成最大值或最小值。Rasa 会将该词槽的值作为预测动作的特征
list	这一类型的词槽可以存储多个任意值。Rasa 在将这一词槽转换成特征时只考虑列表是否为空，因此列表中有多少个元素，以及有什么样的元素都不会影响系统
any	这一类型的词槽对 Rasa 的动作预测没有任何影响，开发者可以把一些无关系统运行状态的值放在这里进行信息传递

3.5.3　词槽的映射

映射（mapping）指定了在对话过程中如何自动地为这个词槽赋值。一个词槽可以同时有多个映射，在运行时会按照从上到下的顺序依次执行。在每一个映射中，type 字段给出了这个映射的类型，其余的字段都是这个类型的参数，和 type 字段密切相关。如下就是一个词槽映射的示例。

```
slots:
  slot_name:
    type: text
    influence_conversation: false
    mappings:
    - type: from_entity
      entity: entity_name
```

本例中只有一个映射。这个映射的 type 为 from_entity。这种类型的映射表示将读取某个实体的值来赋值词槽。具体使用哪个实体，将由参数 entity 来指定（本例中是 entity_name）。Rasa 提供了丰富的词槽映射方案，可以满足各种需求，这里不再介绍，开发者可以自行查阅官方文档。

3.5.4　词槽初始化

词槽可以设置可选的初始值，示例如下。

```
slots:
  name:
    type: text
    initial_value: "human"
```

本例中名为 slot_name 的实体的初始值设置为 initial_value。

3.6　策略

策略（policy）负责学习故事，从而预测动作。

策略需要通过特征提取组件（featurizer）将故事转换成对话状态，进而得到对话状态特征，按照对话特征预测下一个对话动作。

在 Rasa 中，我们可以同时拥有多个策略，这些策略可独立进行训练和预测，最后通过优先级及预测得分共同决策。

3.6.1　策略的配置

在 Rasa 项目的 config.yaml 中，policies 键是保留给策略配置的，下面的代码是一个例子。

```
policies:
 - name: "MemoizationPolicy"
   max_history: 5
 - name: "FallbackPolicy"
   nlu_threshold: 0.4
   core_threshold: 0.3
   fallback_action_name: "my_fallback_action"
 - name: "path.to.your.policy.class"
   arg1: "..."
```

类似于 NLU 部分的流水线配置，策略由多个列表构成。每个列表元素都是一个字典，这个字典包含 name 和配置选项，name 用于指定组件的名字，除 name 外的其他值都作为配置选项。

3.6.2　内建的策略

内建的策略如表 3-3 所示。

表 3-3　内建的策略

策略名称	描述
TEDPolicy	TED 是 Transformer Embedding Dialogue 的缩写，是 Rasa 自行开发的一套对话预测算法，采用基于 transformer 的方案将当前的会话映射成一个对话向量，找到和这个向量最近的已知动作的对话向量
MemoizationPolicy	这个策略比较简单，直接记住历史中出现的状态和对应的动作，把这种关系做成字典。在预测时，直接查询相关的字典，如果有这样的状态，则将对应的动作作为结果；如果没有，则预测失败

续表

策 略 名 称	描　　述
AugmentedMemoizationPolicy	这个策略和 MemoizationPolicy 的工作原理一致，只是它有一个遗忘机制，会随机地遗忘当前对话历史中的部分步骤，随后试图在训练的故事集合中寻找和当前历史匹配的故事
RulePolicy	这个策略是规则驱动的，它合并了 Rasa 1.x 中所有基于规则的策略 MappingPolicy、FallbackPolicy、TwoStageFallbackPolicy 和 FormPolicy

3.6.3　策略的优先级

在 Rasa 中，每个策略独立预测下一个动作后，会使用得分最高的动作。在得分相同（通常都是满分 1 分）的情况下，策略之间是有优先级的（优先级数值越高，策略越优先）。Rasa 默认的优先级的设定让内建的策略在相同得分情况下能产生更为合理的结果，如表 3-4 所示。

表 3-4　策略优先级

优　先　级	策　　略
6	FormPolicy
3	MemoizationPolicy 和 AugmentedMemoizationPolicy
1	TEDPolicy

开发者需要注意，虽然每个组件（内建和自定义）都可以通过 priority 键进行配置，但是在非常熟悉 Rasa 内部源代码前不要修改内建组件的优先级。因为内部有些实现依赖默认的优先级，武断修改可能造成难以理解的错误。

3.6.4　数据增强

在默认情况下，Rasa 可把故事首尾相接，生成新的故事，这就是故事的数据增强。开发者可以在使用 Rasa 命令时，添加--augmentation 来设定数据增强的数量，Rasa 按照最多生成--augmentation 设置乘以 10 的数量来增强故事。--augmentation 0 可以完全关闭数据增强功能。

3.7　端点

endpoints.yml 定义了 Rasa Core 和其他服务进行连接的配置信息，这种信息被称为端点（endpoint）。目前支持的端点有 event broker、tracker store、lock store、动作服务器（action server）、NLU 服务器、NLG 服务器和 model storage。

其中，动作服务器和 NLU 服务器都有良好的默认值，在单机情况下，开发者无须配置。其他端点将在后续章节陆续介绍。

3.8　Rasa SDK 和自定义动作

自定义动作提供了一种在远程服务器上执行特定动作的机制，在实际构建机器人的时候非常重要，是实现具体业务逻辑的入口和载体。

3.8.1　安装

Rasa 本身包含 Rasa SDK，所以安装了 Rasa 也就自动安装了 Rasa SDK。如果只使用 Rasa SDK 而不想安装 Rasa（如在生产环境中），那么可以按照如下方式安装。

```
pip install rasa-sdk
```

3.8.2　自定义动作

自定义动作需要继承 SDK 的动作类，这样服务器就能自动发现并注册动作。下面的代码是一个例子。

```
from rasa_sdk import Action
from rasa_sdk.events import SlotSet

class ActionCheckRestaurants(Action):
  def name(self) -> Text:
    return "action_check_restaurants"

  def run(self,
        dispatcher: CollectingDispatcher,
        tracker: Tracker,
        domain: Dict[Text, Any]) -> List[Dict[Text, Any]]:

    cuisine = tracker.get_slot('cuisine')
    q = "select * from restaurants where cuisine='{0}' limit
1".format(cuisine)
    result = db.query(q)

    return [SlotSet("matches", result if result is not None else
[])]
```

通过重写 name()方法返回一个字符串，可以向服务器申明这个动作的名字。通过重写 run()方法，开发者可以获得当前的对话信息（tracker 对象和领域对象）和用户消息对象（dispatcher）。开发者可以利用这些信息来完成业务动作。如果想对当前的对话状态进行更改（如更改词槽），则需要通过返回事件（event）（可以是多个事件）的形式发送给 Rasa 服务器。即使对话状态没有发生任何变化，也需要返回一个空的列表。

3.8.3　tracker 对象

tracker 代表对话状态追踪，也就是对话的历史记忆。在自定义动作中，开发者可以通过 tracker 对象来获取当前（或历史的）的对话状态（实体情况和词槽情况等），这通常作为业务的输入。

tracker 对象具有如表 3-5 所示的属性。

表 3-5　tracker 对象的属性

属 性 名 称	说　明
sender_id	字符串类型，当前对话用户的唯一 ID
slots	列表类型，词槽的列表
latest_message	字典类型，包含 3 个键：intent、entities 和 text，分别代表意图、实体和用户的话
events	代表历史上所有的事件
active_form	字符串类型，表示当前被激活的表单，也可能为空（没有表单被激活）
latest_action_name	字符串类型，表示最后一个动作的名字

tracker 对象具有如表 3-6 所示的方法。

表 3-6　tracker 对象的方法

方 法 名 称	说　明
current_state()	返回当前的 tracker 对象
is_paused()	返回当前的 tracker 对象的过程是否被暂停
get_latest_entity_values()	返回某个实体的最后值
get_latest_input_channel()	返回最后用户所用的输入通道（input channel）的名字
events_after_latest_restart()	返回最后一次重启后的所有事件
get_slot()	返回一个词槽的具体值

3.8.4　事件对象

在自定义动作中，如果想要更改对话状态，则需要用到事件（event）对象。

表 3-7 简单介绍了通用事件对象。

表 3-7　通用事件对象

事 件 对 象	说　　明
SlotSet(key, value=None)	要求系统将名字为 key 的词槽的值设置为 value
Restarted()	重启对话过程
AllSlotReset()	重制所有的词槽
ReminderScheduled()	在指定的时间发起一个意图和实体都给定的请求，也称为定时任务
ReminderCancelled()	取消一个定时任务
ConversationPaused()	暂停对话过程
ConversationResumed()	继续对话过程
FollowupAction(name)	强制设定下一轮的动作（不通过预测得到）

表 3-8 列出了 Rasa 自动跟踪（由系统创建的）事件。

表 3-8　Rasa 自动跟踪事件

事 件 对 象	说　　明
UserUttered()	表示用户发送的消息
BotUttered()	表示机器人发送给用户的消息
UserUtteranceReverted()	撤销用户最后消息（UserUttered）后的发生的所有事件（包含用户事件本身），在通常情况下，这时只剩下 action_listen，机器人会回到等待用户输入的状态
ActionReverted()	撤销上一个动作，会清除上个动作所有的事件效果，机器人会重新开始预测下一个动作
ActionExecuted()	记录一个动作，动作创造的事件会被单独记录
SessionStarted()	开始一个新的对话会话。重置 tracker，并触发执行 ActionSessionStart（在默认情况下，将已经存在的 SlotSet 拷贝到新的会话）

3.8.5　运行自定义动作

如果 Rasa SDK 是作为 Rasa 的一部分安装的（也就是在安装 Rasa 时，Rasa 自动安装了 Rasa SDK），则使用如下命令。

```
rasa run actions
```

如果 Rasa SDK 是单独安装的，则使用如下命令。

```
python -m rasa_sdk --actions actions
```

3.9　Rasa 支持的客户端

在绝大部分情况下，用户都是使用各种即时通信软件（Instant Messaging，IM）

来和对话机器人进行沟通的。Rasa 在 IM 集成方面有着优良的表现，支持市面上主流的开放 API 的 IM，包括 Facebook Messenger、Slack、Telegram、Twilio、Microsoft Bot Framework、Cisco Webex Teams、RocketChat、Mattermost 和 Google Hangouts Chat 等。同时，社区开发者为 Rasa 打造了多款开源的 IM，这些 IM 常被创业公司和开发人员用来做实际产品或进行演示。其中，功能比较完善的有 Rasa Webchat 和 Chatroom。

图 3-1 所示为 Rasa Webchat 和 Chatroom 的界面。

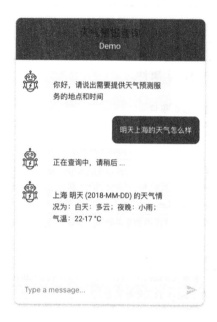

图 3-1　Rasa Webchat 和 Chatroom 的界面

在 Rasa 中，负责和 IM 连接的组件称为 connector。connector 负责实现通信协议，由于不同的 IM 可能使用 IM 相同的通信协议，所以 connector 并不是和 IM 一一对应的。除上述 IM 都有对应的 connector 外，Rasa 还支持开发者自定义 connector，以满足用户连接其他 IM 的需求。Rasa 支持同时使用多个 connector（也就是同时连接多个 IM），开发者需要在 credentials.yml 文件中配置如何连接客户端。Rasa 对于所有的 connector 都有详细的文档，如下是 Rasa Webchat 的配置示例。

```
socketio:
  user_message_evt: user_uttered
  bot_message_evt: bot_uttered
  session_persistence: false
```

值得注意的是，由于 Rasa WebChat 使用的底层协议是 socketio，所以配置里使用的是 socketio。

3.10　实战：报时机器人

报时机器人是十分基础简单的对话机器人。

3.10.1　功能

3.10.1.1　打招呼和说再见

示例 1 如下。

用　户：你好！

机器人：你好，我是 Silly，我可以帮你查询时间、日期和星期几。你可以对我说"现在几点了？""今天几号？"或"明天星期几？"。

示例 2 如下。

用　户：拜拜！

机器人：再见！

3.10.1.2　查询当前时间

示例如下。

用　户：现在几点了？

机器人：00:04:14。

3.10.1.3　查询日期

示例 1：查询当前日期。

用　户：今天是几号？

机器人：2021-08-08。

示例 2：查询未来某天的日期。

用　户：明天是几号？

机器人：2021-08-09。

示例 3：查询过去某天的日期。

用　户：昨天是几号？

机器人：2021-08-07。

由于将所有可能的文字日期（如"明天""春节""五天前"等）转换成绝对日期（UNIX 时间戳）是不可能的，因此，当超出机器人的处理范围时，机器人需要友好地提示用户，而不是没有响应或给出技术出错信息。

示例 4：当超出能够处理的范围时，会有友好的提示。

用　户：春节是几号？

机器人：系统暂不支持"春节"的日期查询。

3.10.1.4　查询星期几

示例 1：查询当前是星期几。

用　户：今天是星期几？

机器人：星期日。

示例 2：查询过去或未来某天是星期几。

用　户：明天是星期几？

机器人：星期一。

和查询日期一样，查询星期几有类似的出错处理机制。

3.10.2　实现

本项目的全部代码可在本书随书代码中下载得到，且遵循 Rasa 官方的项目目录布局，如下所示。

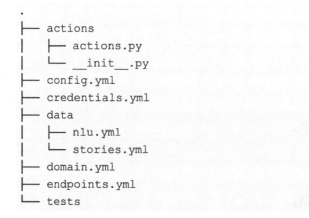

```
.
├── actions
│   ├── actions.py
│   └── __init__.py
├── config.yml
├── credentials.yml
├── data
│   ├── nlu.yml
│   └── stories.yml
├── domain.yml
├── endpoints.yml
└── tests
```

在本项目中，actions/__init__.py 和 credentials.yml 文件内容为空。其余文件内容将逐一介绍。

3.10.2.1　data/nlu.yml

```
version: "3.0"
nlu:
  - intent: greet
    examples: |
      - 你好!
      - 您好!
      - hello!
      - hi!
      - 喂!
      - 在么?
  - intent: goodbye
    examples: |
      - 拜拜!
      - 再见!
      - 拜!
      - 退出。
      - 结束。
  - intent: query_time
    examples: |
      - 现在几点了?
      - 现在几点?
      - 什么时候了?
      - 几点了?
      - 现在什么时候了?
      - 现在的时间?
  - intent: query_date
    examples: |
      - [今天](date)几号?
      - [今天](date)是几号?
      - [昨天](date)是几号?
      - [明天](date)是几号?
      - [今天](date)的日期?
      - [今天](date)几号了?
      - [明天](date)的日期?
      - 几号?
  - intent: query_weekday
    examples: |
```

- [今天] (date) 星期几?
- [明天] (date) 是星期几?
- [昨天] (date) 是星期几?
- [今天] (date) 是星期几?
- 星期几?

3.10.2.2　data/stories.yml

```
version: "3.0"
stories:
 - story: happy path
   steps:
     - intent: greet
     - action: utter_greet
 - story: query time
   steps:
     - intent: query_time
     - action: action_query_time
 - story: query date
   steps:
     - intent: query_date
     - action: action_query_date
 - story: query weekday
   steps:
     - intent: query_weekday
     - action: action_query_weekday
 - story: say goodbye
   steps:
     - intent: goodbye
     - action: utter_goodbye
```

3.10.2.3　domain.yml

```
version: '3.0'
  session_config:
    session_expiration_time: 60
    carry_over_slots_to_new_session: true
  intents:
  - greet
  - goodbye
  - query_time
  - query_date
  - query_weekday
```

```
entities:
- date
slots:
  date:
    type: text
    influence_conversation: false
    mappings:
    - type: from_entity
      entity: date
responses:
  utter_greet:
  - text: 你好，我是 Silly，我可以帮你查询时间、日期和星期几。你可以对我说
"现在几点了？""今天是几号？"或"明天是星期几？"。
  utter_goodbye:
  - text: 再见!
actions:
- action_query_time
- action_query_date
- action_query_weekday
- utter_goodbye
- utter_greet
```

3.10.2.4   config.yml

```
recipe: default.v1
  language: zh
  pipeline:
    - name: JiebaTokenizer
    - name: LanguageModelFeaturizer
    model_name: "bert"
    model_weights: "bert-base-chinese"
    - name: DIETClassifier
    epochs: 100
    tensorboard_log_directory: ./log
    learning_rate: 0.001
  policies:
    - name: MemoizationPolicy
    - name: TEDPolicy
    max_history: 5
    epochs: 100
    - name: RulePolicy
```

3.10.2.5　endpoints.yml

```
action_endpoint:
  url: "http://localhost:5055/webhook"
```

3.10.2.6　actions/actions.py

```
from typing import Any, Text, Dict, List
from datetime import datetime, timedelta

from rasa_sdk import Action, Tracker
from rasa_sdk.executor import CollectingDispatcher


def text_date_to_int(text_date):
    if text_date == "今天":
        return 0
    if text_date == "明天":
        return 1
    if text_date == "昨天":
        return -1

    # in other case
    return None


weekday_mapping = ["星期一", "星期二", "星期三", "星期四", "星期五", "星
期六", "星期日"]


def weekday_to_text(weekday):
    return weekday_mapping[weekday]


class ActionQueryTime(Action):
    def name(self) -> Text:
        return "action_query_time"

    def run(
        self,
        dispatcher: CollectingDispatcher,
        tracker: Tracker,
```

```
        domain: Dict[Text, Any],
    ) -> List[Dict[Text, Any]]:

        current_time = datetime.now().strftime("%H:%M:%S")
        dispatcher.utter_message(text=current_time)

        return []


class ActionQueryDate(Action):
    def name(self) -> Text:
        return "action_query_date"

    def run(
        self,
        dispatcher: CollectingDispatcher,
        tracker: Tracker,
        domain: Dict[Text, Any],
    ) -> List[Dict[Text, Any]]:
        text_date = tracker.get_slot("date") or "今天"

        int_date = text_date_to_int(text_date)
        if int_date is not None:
            delta = timedelta(days=int_date)
            current_date = datetime.now()

            target_date = current_date + delta

            dispatcher.utter_message(text=target_date.strftime
("%Y-%m-%d"))
        else:
            dispatcher.utter_message(text="系统暂不支持'{}'的日期查询
".format(text_date))

        return []


class ActionQueryWeekday(Action):
    def name(self) -> Text:
        return "action_query_weekday"
```

```
def run(
    self,
    dispatcher: CollectingDispatcher,
    tracker: Tracker,
    domain: Dict[Text, Any],
) -> List[Dict[Text, Any]]:
    text_date = tracker.get_slot("date") or "今天"

    int_date = text_date_to_int(text_date)
    if int_date is not None:
        delta = timedelta(days=int_date)
        current_date = datetime.now()

        target_date = current_date + delta

        dispatcher.utter_message(text=weekday_to_text(target_
date.weekday()))
    else:
        dispatcher.utter_message(text="系统暂不支持'{}'的星期查询
".format(text_date))

    return []
```

3.10.3　运行动作服务器

前面已经介绍过了相关命令，其用法如下。

```
rasa run actions
```

3.10.4　运行 Rasa 服务器和客户端

为了简化设置，本项目使用 Rasa 自带的 rasa shell 客户端。

当 rasa shell 启动的时候会同时启动 Rasa 服务器。

```
rasa shell
```

下面是示例的对话过程。

```
Your input ->  现在几点了？
18:30:04
```

3.11　小结

在本章中，我们讨论了 Rasa Core，也就是 Rasa 的对话管理部分，其中包括 Rasa Core 的所有核心概念：领域（domain）、故事（story）、动作（action）、词槽（slot）、策略（policy）和端点（endpoint）。我们还介绍了如何使用 Rasa SDK 开发自定义动作和如何让 Rasa 与 IM 相互通信。

在第 4 章中，我们将深入研究如何在 Rasa 中有效地实现 FAQ 和闲聊功能。

使用 ResponseSelector
实现 FAQ 和闲聊功能

多数对话机器人都需要有简单的 FAQ（Frequently Asked Question，常见问题解答）和闲聊（chitchat）的功能。在一般情况下，FAQ 和闲聊的问答数量很多。如果想用一个意图来表示一个 FAQ 或闲聊并为之搭配一个动作，那么这个故事写起来将会非常繁杂，从而导致整个过程非常低效。幸运的是，Rasa 提供了 NLU 组件 ResponseSelector 来做这种 FAQ 型或闲聊型的任务。使用 ResponseSelector，需要为每种问题定义一种分类，并为每种分类定义想要返回给用户的答案。下面我们介绍如何定义用户问题。

4.1 如何定义用户问题

本节我们将介绍如何定义问题和对应的意图。值得特别提醒的是，ResponseSelector 训练数据中的意图和前面我们见到的普通的意图在命名格式上有所不同，ResponseSelector 需要采用 group/intent 的格式命名。这就是我们在第 2 章提到的普通意图命名不能包含/字符的原因。以下是一段示例代码。

```
nlu:
 - intent: chitchat/ask_name
   examples: |
```

```
    - 你叫什么名字？
    - 你是谁？
    - 你叫啥？
- intent: chitchat/ask_weather
  examples: |
    - 你那里天气如何？
    - 我这里晴空万里，你那里呢？
```

在上例中，我们可以看到，ResponseSelector 的训练数据除意图名字具有独特的格式外，其余的部分定义和普通意图的训练格式完全一样。Rasa 把上面 group/intent 格式中的 group 部分称为检索意图（retrieval intent）。上例中的意图 chitchat/ask_name 和 chitchat/ask_weather 都属于检索意图 chitchat。

在 4.2 节中，我们将介绍如何定义问题的答案。

4.2　如何定义问题的答案

在 ResponseSelector 中，使用 domain.yml 的 responses 字段来存放答案数据。这里有一个约定，Rasa 中意图名为 intent 的问题都需要有一个名为 utter_intent 的 response 作为答案。以下是一段示例的答案定义。

```
responses:
  utter_chitchat/ask_name
    - text: 我的名字是 Silly, 一个 Rasa 文档机器人。
  utter_chitchat/ask_weather
    - text: 我所在的地方总是万里无云的。
```

上例中的名为 utter_chitchat/ask_name 的 response 对应于意图 chitchat/ask_name, 名为 utter_chitchat/ask_weather 的 response 对应于意图 chitchat/ask_weather。

至此，我们知道了如何定义问题的答案，问题和答案之间就可以建立关联。在 4.3 节中，我们将介绍如何训练 Rasa，使之正确地回答用户的问题。

4.3　如何训练 Rasa

为了根据问题智能（具有良好的泛化能力）地进行回答，需要让 ResponseSelector 在现有数据上进行训练。训练部分相当简单，只需要将 ResponseSelector 组件加入 NLU 的流水线即可，如下所示。

```
pipeline:
- name: XXXFeaturizer    # 替换为真实的特征提取组件
```

```
- name: XXXClassifier    # 替换为真实的意图分类组件
 - name: ResponseSelector
```

经过训练后的 ResponseSelector 组件能够根据用户的语义正确地进行语义分类。但要实现自动地根据语义分类（也就是分类到现有的用户问题分类中）返回对应的答案，我们还需要启用 RulePolicy。

```
policies:
 # other policies
 - name: RulePolicy
```

我们需要设置一个规则（rule），将问题分类映射到对应的动作上。下面是一个示例。

```
rules:
 - rule: Response Selector 映射
   steps:
   - intent: chitchat
   - action: utter_chitchat
```

在上面的示例中，我们将名为 chitchat 的检索意图和名为 utter_chitchat 的动作（也是模板）建立了规则映射。当 Rasa 服务运行的时候，RulePolicy 的自动触发机制将会保证在 NLU 在正确识别成检索意图时，自动执行对应的动作。

至此，我们已经学会了如何定义用户问题和对应的答案，知道了如何使用 ResponseSelector 组件和 RulePolicy 完成模型的训练和动作配置。接下来，我们将通过一个演示项目的实际操作来练习。

4.4　实战：构建 FAQ 机器人

现在，我们将使用 ResponseSelector 来实现一个关于校园招聘的 FAQ 机器人。这个机器人能够回答面试流程和面试结果查询之类的 FAQ 问题。我们将通过逐步讲解开发步骤的方式，帮助开发者疏理整个项目的开发过程。

在 4.4.1 节中，我们将介绍这个项目需要完成的功能，换言之，这个机器人所具有的功能。

4.4.1　功能

这个 FAQ 机器人的功能可以分成 2 类：业务无关的功能和业务相关的功能。

下面，首先介绍业务无关的功能：打招呼和说再见。

4.4.1.1　打招呼和说再见

打招呼和说再见是基础而简单的对话机器人功能。

示例 1 如下。

用　户：你好！

机器人：你好，我是 Silly，我是一个基于 Rasa 的 FAQ 机器人。

示例 2 如下。

用　户：拜拜！

机器人：再见！

下面，我们将介绍业务相关的功能：FAQ 问答。

4.4.1.2　FAQ 问答

这个机器人支持回答 14 种常见的问题。下面我们来看几个示例问答。

示例 1 如下。

用　户：一般会安排几次面试？

机器人：在一般情况下，业务部门和人力资源部门会同时或分别安排一次面试。个别特殊职位需要 2 次及以上的面试。

示例 2 如下。

用　户：如何查询面试结果？

机器人：我们会通过邮件或电话的形式，通知您面试结果。

现在，我们已经知道了这个机器人的功能。4.4.2 节将详细讨论如何使用 ResponseSelector 来实现这些功能。

4.4.2　实现

现在我们来讨论实现的细节。对于简单的 Rasa 项目，只需要对配置文件和数据文件进行编辑。遵循 Rasa 官方的项目目录布局，我们的项目目录布局如下。

```
.
├── config.yml
├── credentials.yml
├── data
│   ├── nlu.yml
│   ├── rules.yml
│   └── stories.yml
```

```
├── domain.yml
├── endpoints.yml
└── tests
```

下面逐一介绍各个文件的内容。

4.4.2.1　data/nlu.yml

```
version: "3.0"
nlu:
- intent: goodbye
  examples: |
    - 拜拜!
    - 再见!
    - 拜!
    - 退出。
    - 结束。
- intent: greet
  examples: |
    - 你好!
    - 您好!
    - hello!
    - hi!
    - 喂!
    - 在么!
- intent: faq/notes
  examples: |
    - 应聘 ACME 校园招聘职位的注意事项?
- intent: faq/work_location
  examples: |
    - 校园招聘录取应届生的主要工作地点在哪里?
- intent: faq/max_job_request
  examples: |
    - 最多申请几个职位?
- intent: faq/audit
  examples: |
    - 各阶段审核说明?
- intent: faq/write_exam_participate
  examples: |
    - 怎样参加笔试?
- intent: faq/write_exam_location
  examples: |
    - 笔试考试地点如何安排?
```

```
- intent: faq/write_exam_again
  examples: |
    - 笔试只安排一次吗?我笔试当天没有参加,是否还有再次笔试的机会?
- intent: faq/write_exam_with-out-offer
  examples: |
    - 如果我没有收到笔试通知,但我很想进入 ACME,能否直接进入考场参加笔试?
- intent: faq/interview_arrangement
  examples: |
    - 面试什么时候开始?会提前多少天通知面试安排?
- intent: faq/interview_times
  examples: |
    - 一般会安排几次面试?
- intent: faq/interview_from
  examples: |
    - 面试的形式是怎样的?是单独面试还是小组面试?
- intent: faq/interview_clothing
  examples: |
    - 对面试的服装有什么具体的要求?
- intent: faq/interview_paperwork
  examples: |
    - 面试时需要携带什么资料?
- intent: faq/interview_result
  examples: |
- 如何查询面试结果?
```

4.4.2.2　data/responses.yml

```
version: "3.0"
responses:
  utter_faq/notes:
  - text:
```
①只有登在校园招聘版块内的职位信息才适用于应届毕业生招聘,请所有的应届毕业生去校园招聘版块寻找您感兴趣的职位。②列出的每个职位的要求是该职位的最低要求,为了保证您应聘的成功率,希望您严格按照职位的要求考虑您的选择。③提交成功后,在招聘结束前,您将不能修改或再次提交简历,因此,请仔细确认填写信息后提交简历。

```
  utter_faq/work_location:
  - text:
```
招聘信息中包含各职位的工作地点内容,请参考各职位内容的详细介绍。

```
  utter_faq/max_job_request:
  - text:
```
对于校园招聘,最多申请 2 个职位。

```
  utter_faq/audit:
  - text:
```
①简历审核:应聘者需要通过 ACME 网站,填写并提交个人简历。ACME 的招聘专员将对收取的简历进行认真的审查和筛选,了解应聘者的情况,并筛选出符合职位要求的简历,同时确认简历记载内容是否属实。②笔试审核:ACME 技术类测试主要针对应聘者的

专业技能进行检查和评价。③面试审核：经过实施评价应聘者基本素质的第一阶段面试和评价专业知识的第二阶段面试，对应聘者是否符合 ACME 人才理念及应聘者的工作能力做出客观的综合评价，从而决定是否录用该应聘者。

```
utter_faq/write_exam_participate:
```
 - text：通过简历审核的应聘者，我们将采用短信、E-mail、ACME 公告栏及电话通知的方式告知您。

```
utter_faq/write_exam_location:
```
 - text：笔试地点将根据您在简历中填写的学校所在城市进行统筹安排。

```
utter_faq/write_exam_again:
```
 - text：校园招聘的大规模的笔试仅安排一次，请收到笔试通知的同学认真对待笔试机会。

```
utter_faq/write_exam_with-out-offer:
```
 - text：由于我们是按照严格的招聘流程筛选出的笔试名单，所以非常抱歉，没有收到笔试通知的同学不能参加本次校园招聘的笔试。

```
utter_faq/interview_arrangement:
```
 - text：不同的职位面试进度安排不同，除特殊安排外，笔试结束一周左右会安排面试。

```
utter_faq/interview_times:
```
 - text：在一般情况下，业务部门和人力资源部门会同时或分别安排一次面试。个别特殊职位需要 2 次及以上的面试。

```
utter_faq/interview_from:
```
 - text：面试一般以单独面试的形式进行，但根据各公司的面试安排，也会进行小组面试。

```
utter_faq/interview_clothing:
```
 - text：面试着装没有统一要求，但建议您尽量穿着较为正式的职业装参加。

```
utter_faq/interview_paperwork:
```
 - text：在面试时，请您携带可以证明您身份的有效证件，有特殊要求的职位请携带好能证明您专业水平的证书原件及复印件。

```
utter_faq/interview_result:
```
 - text：我们会通过邮件或电话的形式，通知您面试结果。

4.4.2.3　data/stories.yml

```
version: "3.0"
stories:
- story: greet
  steps:
  - intent: greet
  - action: utter_greet
- story: say goodbye
  steps:
  - intent: goodbye
```

```
    - action: utter_goodbye
```

4.4.2.4 data/rules.yml

```
version: "3.0"
rules:
  - rule: respond to FAQs
    steps:
    - intent: faq
    - action: utter_faq
```

4.4.2.5 domain.yml

```
version: "3.0"
session_config:
  session_expiration_time: 60
  carry_over_slots_to_new_session: true
intents:
- goodbye
- greet
- faq
responses:
  utter_greet:
  - text: 您好，我是 Silly，我是一个基于 Rasa 的 FAQ 机器人。
  utter_goodbye:
  - text: 再见!
  utter_default:
  - text: 系统不明白您说的话。
actions:
- utter_goodbye
- utter_greet
- utter_default
- respond_faq
```

4.4.2.6 config.yml

```
recipe: default.v1
language: "zh"
pipeline:
  - name: JiebaTokenizer
  - name: LanguageModelFeaturizer
    model_name: "bert"
    model_weights: "bert-base-chinese"
  - name: "DIETClassifier"
```

```
  epochs: 100
  tensorboard_log_directory: ./log
  learning_rate: 0.001
- name: "ResponseSelector"

policies:
  - name: MemoizationPolicy
  - name: TEDPolicy
  - name: RulePolicy
```

4.4.2.7 endpoints.yml

```
action_endpoint:
  url: http://localhost:5055/webhook
```

4.4.2.8 客户端/服务器

普通用户在和 Rasa 服务器进行对话时，需要使用客户端/服务器，本项目使用基于 Web 的客户端/服务器，客户端/服务器的核心代码如下。

```
<body>
  <div id="webchat" />
  <script>
    !(function () {
      let e = document.createElement("script"),
        t = document.head || document.getElementsByTagName
("head")[0];
      (e.src = "index.js"),
        // Replace 1.x.x with the version that you want
        (e.async = !0),
        (e.onload = () => {
          window.WebChat.default(
            {
              selector: "#webchat",
              initPayload: "Hi",
              interval: 1000, // 1000 ms between each message
              customData: { "language": "en", "userId": "123" },
              socketUrl: "http://127.0.0.1:5005",
              socketPath: "/socket.io/",
              title: "天气预报机器人",
              subtitle: "演示项目",
              showCloseButton: true,
              fullScreenMode: false
```

```
      },
      null
    );
  }),
  t.insertBefore(e, t.firstChild);
})();
</script>
</body>
```

上述代码核心参数说明如下。

- 当用户第一次打开客户端时，客户端会将 initPayload 参数的值（在本例中为 "Hi"）作为消息内容发送给 Rasa，该消息不会显示在用户界面上，这样就可以实现打开客户端时 Rasa 主动给用户发消息的功能。

- socketUrl 参数定义了 Rasa 服务器的地址，需要特别注意。

- title 参数定义了聊天窗口的主标题。

- subtitle 参数定义了聊天窗口的副标题。

网页中载入的 index.js 文件提供了 WebChat 这个 JavaScript 对象。index.js 文件来自 rasa-webchat 库。

HTML 客户端启动后，界面的右下角会出现一个聊天小部件，如图 4-1 所示，单击就可以打开聊天界面。

图 4-1　聊天小部件示意图

4.4.3　训练模型

训练模型非常容易，在命令行中输入以下命令即可。

```
rasa train
```

4.4.4 运行服务

4.4.4.1 运行 Rasa 服务器

```
rasa run --cors "*"
```

客户端和 Rasa 服务器存在跨域（Cross-Origin Resource Sharing，CORS）问题，需要通过设置--cors "*"来解决。

4.4.4.2 运行网页客户端

```
python -m http.server
```

上述代码将会在本地的 8000 端口启动一个基于 HTTP 的服务器，在浏览器中访问，单击界面右下角的蓝色对话按钮，就可以和机器人对话了。

4.5 小结

本章介绍了 Rasa 系统中用于处理 FAQ 和闲聊的组件 ResponseSelector。使用 ResponseSelector 需要定义用户的问题、问题的答案及问题和答案之间的映射。

在第 5 章中，我们将讨论基于规则的对话管理。

基于规则的对话管理

5.1 fallback

在实际情况中，总可能出现对话机器人无法处理的情况。例如，用户说话不清楚，或者超出对话机器人能提供服务的范围，这时候需要一个"兜底"的 fallback 操作，确保即使出错也可以很优雅地用类似"对不起，我没能明白您的意思"的语言回复用户。根据 fallback 的原因不同，fallback 可以分为 NLU fallback 和策略 fallback。

5.1.1 NLU fallback

NLU fallback 负责处理在 NLU 阶段理解用户意图困难或模糊的情况，这时候可以使用 FallbackClassifier 组件。FallbackClassifier 有以下选项。

```
pipeline:
 - name: FallbackClassifier
   threshold: 0.6
   ambiguity_threshold: 0.1
```

上面的例子表示，如果在所有意图分类组件预测出的结果中，最高的置信度不大于或等于 0.6（threshold 选项），或者最高的前 2 个意图的得分之差不超过 0.1 分（ambiguity_threshold 选项），那么 NLU 的意图就会被替换成 nlu_fallback。

通过一个规则（rule），将 nlu_fallback 映射成我们想要的动作。举例如下。

```
rules:
```

```
- rule: 要求用户重新说一次
  steps:
    - intent: nlu_fallback
    - action: utter_please_rephrase
```

上面的例子将 nlu_fallback 映射成了 utter_please_rephrase，意味着一旦
nlu_fallback（NLU fallback）意图出现，就一定会执行 utter_please_rephrase 动作。
utter_please_rephrase 动作会渲染同名的模板，进而用户可以得到 fallback 消息。

在 Rasa 中特别预定义了动作：action_two_stage_fallback（第 3 章有介绍）。如果
需要，开发者可以将上面的映射改成指向 action_two_stage_fallback。

5.1.2　策略 fallback

Rasa 在预测下一个动作时，如果预测结果置信度不高（如置信度为 0.3），就需
要 fallback。另外，Rasa 在预测下一个动作时，如果得分最高的 2 个动作之间得分差
距很小（如 0.001 分），得分差距很小就意味着 2 个动作的概率非常相似，则这个时
候也没办法处理，也需要 fallback。RulePolicy 针对这一情况提供了以下选项。

```
policies:
- name: RulePolicy
  core_fallback_threshold: 0.3
  core_fallback_action_name: "action_default_fallback"
  enable_fallback_prediction: True
```

上面的例子表示，当所有的策略预测动作的得分没有大于或等于 0.3 分时
（core_fallback_threshold 选项），就选择 action_default_fallback 作为输出动作。默认的
action_default_fallback 实现将会渲染名为 utter_default 的模板，并返回给用户。为了
改变这一情况，开发者可以改变选项 core_fallback_action_name 的设置。

5.2　意图触发动作

5.2.1　内建意图触发动作

Rasa 允许开发者通过使用格式类似/intent{"entity1": val1,"entity2": val2}的快捷
方式来表达意图和实体信息。这种表示方法的一个用途是测试机器人；另一个用途
是作为用户单击按钮时返回给 Rasa 的有效载荷（payload）。这一格式和 story.md 的
用户消息很像，不同之处在于这里一定要使用/作为开头字符。RulePolicy 为
action_restart、action_back 和 action_session_start 这 3 个会话级别的动作提供了对应

的意图 restart、back 和 session_start，并建立好了从意图到动作的映射，当这些意图出现时会自动触发对应的动作，从而实现会话级别的控制。正如前面提到的，Rasa 支持快捷地表达意图，开发者可以通过输入/restart、/back 和/session_start 来表达 action_start、action_back 和 action_session_start 意图，从而完成执行对应动作的目的。

5.2.2 自定义意图触发动作

在特定情况下，开发人员想要保证当某个意图出现时，无论什么样的上下文都能百分百触发某个或多个特定的动作，就得用 RulePolicy 的功能，该功能在 stories.yml 中定义。

```
rules:
- rule: 从 some_intent 到 some_action 的映射
  steps:
  - intent: some_intent
  - action: some_action
```

在 policy 字段启用 RulePolicy 的情况下，用户表达了 some_intent 的意图后，RulePolicy 能够确保百分百地触发 some_action 动作。

5.3 表单

以完成任务为核心目的的对话过程，可以理解为引导用户填写表单（form）的过程。

（1）机器人会问用户想干什么。

（2）用户表达了自己的需求（意图和实体）。

（3）机器人按照用户的意图，确定合适的表单，并将用户在对话中提供的实体信息填入其中。随后机器人查看表单中缺失的字段，按照一定的策略（字段顺序）询问用户关于缺失字段的问题。

（4）用户提供了缺失字段的信息。

（5）机器人将缺失信息填入表单，询问下一个缺失字段。

（6）如此往复迭代，直到某一时刻，机器人发现表单已经填写完整，于是开始执行具体的任务。

为了使 Rasa 正确地进行基于表单的对话管理，开发者需要将 RulePolicy 加入配置文件，如下所示。

```
policies:
  - name: RulePolicy
```

5.3.1　定义表单

使用表单之前，需要定义一个表单。

```
forms:
  weather_form:
    required_slots:
    - address
    - date-time
```

这个表单的名字是 weather_form。每一个表单都需要指定其必需的词槽。在上面的例子中，有两个必需的词槽：address 和 date-time。

5.3.2　激活表单

开发者需要设定什么时候进入该表单，通过规则（rule）指定。

```
rules:
  - rule: 激活 form
    steps:
    - intent: weather
    - action: weather_form
    - active_loop: weather_form
```

上面的例子表示，如果用户的意图是 weather，就会执行 weather_form 这个动作，这个动作的副作用（在对话状态中引起的变化）是进入名为 weather_form 的 active_loop，和前面表单定义的 weather_form 同名，因此会进入对应的填槽-询问的循环过程。

5.3.3　执行表单任务

当表单要求的条件都满足后（也就是所请求的词槽全部已经获得时），就可以执行表单任务了。执行什么动作是通过规则来设定的。下面是一个示例。

```
  - rule: 提交 form
    condition:
    # Condition that form is active.
    - active_loop: weather_form
    steps:
      - action: weather_form
```

```
- active_loop: null
- slot_was_set:
    - requested_slot: null
# The action we want to run when the form is submitted.
- action: action_weather_form_submit
```

上面的规则定义了当 weather_form 这个 active_loop 结束，且所有请求的词槽都已完成（也就是 requested_slot: null）时，执行动作 action_weather_form_submit。开发者所有的业务逻辑都应在动作 action_weather_form_submit 中完成。本例中的任务是调用第三方 API 查询天气。

5.4　实战：天气预报机器人

为了将上面的知识整合，这里将提供一个示例项目，带领开发者设计一个可以查询天气的聊天机器人。由于篇幅的限制，本书只给出部分数据和代码。

5.4.1　功能

天气预报机器人可以根据用户提供的城市（北京、上海等）和日期（明天、后天等），查询出相应的天气预报。

5.4.1.1　打招呼和说再见

打招呼和说再见是基础简单的对话机器人功能。

示例 1 如下。

用　户：你好!

机器人：你好，请说出需要提供天气预测服务的地点和时间。

示例 2 如下。

用　户：拜拜!

机器人：再见!

5.4.1.2　常规问答

示例 1 如下。

用　户：明天上海天气如何?

机器人：上海明天（2022-02-06）的天气情况为：白天，阴；夜晚，阴；气温，-4℃～6℃。

示例 2 如下。

用　户：明天上海冷不冷？

机器人：上海明天（2022-02-06）的天气情况为：白天，阴；夜晚，阴；气温，-4℃～6℃。

5.4.1.3　填槽问答

示例 1 如下。

用　户：明天天气如何？

机器人：哪里呢？

用　户：上海。

机器人：上海明天（2022-02-06）的天气情况为：白天，阴；夜晚，阴；气温，-4℃～6℃。

示例 2 如下。

用　户：上海冷不冷？

机器人：什么时候？

用　户：明天。

机器人：上海明天（2022-02-06）的天气情况为：白天，阴；夜晚，阴；气温，-4℃～6℃。

5.4.1.4　上下文继承

示例 1 如下。

用　户：明天上海天气如何？

机器人：上海明天（2022-02-06）的天气情况为：白天，阴；夜晚，阴；气温，-4℃～6℃。

用　户：后天呢？

机器人：上海后天（2022-02-07）的天气情况为：白天，阴；夜晚：多云；气温，-2℃～6℃。

示例 2 如下。

用　户：明天上海天气如何？

机器人：上海明天（2022-02-06）的天气情况为：白天，阴；夜晚，阴；气温，
-4℃～6℃。

用　户：那北京呢？

机器人：北京明天（2022-02-06）的天气情况为：白天，晴；夜晚，晴；气温，
-16℃～-9℃。

5.4.1.5　中途终止任务

示例 1 如下。

用　户：天气情况。

机器人：哪里呢？

用　户：停止。

机器人：是否要继续？

用　户：不要。

机器人：再见！

示例 2 如下。

用　户：明天天气。

机器人：哪里呢？

用　户：停止。

机器人：是否要继续？

用　户：是的。

机器人：哪里呢？

用　户：上海。

机器人：上海明天（2022-02-07）的天气情况为：白天，阴；夜晚，多云；气温，
-6℃～1℃。

5.4.1.6　FAQ

示例 1 如下。

用　户：你能干什么？

机器人：我能帮你查找中国城市级别的当下和未来两天的天气情况。

示例 2 如下。

用　户：你是谁？

机器人：你好，我是 Silly，一个专注天气预报的对话机器人。

5.4.1.7 Unhappy Path

示例 1 如下。

用　户：上海的天气。

机器人：什么时候？

用　户：你是谁？

机器人：你好，我是 Silly，一个专注天气预报的对话机器人。想查询什么时候的天气呢？

用　户：明天。

机器人：上海明天（2022-02-07）的天气情况为：白天，阴；夜晚，多云；气温，−6℃～1℃。

示例 2 如下。

用　户：明天天气如何？

机器人：哪里呢？

用　户：你能干什么？

机器人：我能帮你查找中国城市级别的当下和未来两天的天气情况。想查询哪里的天气呢？

用　户：上海。

机器人：上海明天（2022-02-07）的天气情况为：白天，阴；夜晚，多云；气温，−6℃～1℃。

5.4.2 实现

遵循 Rasa 官方的项目目录布局，我们的项目目录布局如下。

```
.
├── actions
│   ├── actions.py
│   ├── __init__.py
├── config.yml
├── credentials.yml
├── data
│   ├── cities.yml
│   ├── nlu.yml
```

```
|    ├── rules.yml
|    └── stories.yml
├── domain.yml
├── endpoints.yml
└── tests
     └── test_stories.yml
```

在本项目中，actions/__init__.py 和 data/rules.yml 和 tests/test_stories.yml 文件内容为空。其余文件内容将逐一介绍。

5.4.2.1　data/nlu.yml

```
version: "3.0"
  nlu:
  - intent: goodbye
    examples: |
      - 拜拜!
      - 再见!
      - 拜!
      - 退出。
      - 结束。
  - intent: greet
    examples: |
      - 你好!
      - 您好!
      - hello!
      - hi!
      - 喂!
      - 在么!
  - intent: weather
    examples: |
      - 显示天气。
      - 天气。
      - 我需要不需要穿雨靴?
      - 我该穿外套吗?
      - 去外边要穿外衣吗?
      - 去外边要带夹克吗?
      - 去外边需要带雨伞吗?
      - 天气是不是很凉快?
      - 最近的天气是不是很冷?
      - 天气预报。
      - 天气很冷吗?
```

- 天气会不会很热？
- 天气温和吗？
- [北京](address)会不会阴雨？
- [上海](address)什么天气？
- 不好意思，可以帮我查[中国香港](address)的天气吗？
- [厦门](address)啥天气？
- [上海](address)多热？
- [中国台北](address)温度？
- [中国台南](address)几度？
- [上海](address)啥温度？
- [中国台南市南区](address)现在几度？
- [上海](address)的天气。
- [上海](address)的天气怎么样？
- [首都](address)的天气。
- [首都](address)的天气怎么样？
- [魔都](address)的天气。
- [魔都](address)的天气怎么样？
- 我要[上海](address)[明天](date-time)的天气。
- 我要[上海](address)[后天](date-time)的天气。
- [上海](address)[明天](date-time)的天气。
- [上海](address)[昨天](date-time)的天气。
- [上海](address)[前天](date-time)的天气。
- [上海](address)[后天](date-time)的天气。
- [下个星期五](date-time)[南京](address)的天气。
- [明天](date-time)[北京](address)什么天气。
- [沈阳](address)[五天后](date-time)的天气怎么样？
- [下星期一](date-time)[北京](address)的天气呢？
- [今天](date-time)[天津](address)的天气预报。
- [青岛](address)[明天](date-time)的天气。
- [下星期日](date-time)的[苏州](address)呢？
- [两天后](date-time)的[上海](address)呢？
- [三天后](date-time)的[武汉](address)呢？
- [三天后](date-time)[杭州](address)多云吗？
- [十月三号](date-time)[沈阳](address)会下雨吗？
- [明天](date-time)[中国台北](address)天气。
- [今天](date-time)[中国台北](address)的天气如何？
- [三天后](date-time)[中国台北](address)的天气。
- [北京](address)[今天](date-time)的天气如何？
- [杭州](address)[今天](date-time)的天气怎么样？
- [下个星期五](date-time)[中国台北](address)天气好吗？
- [今天](date-time)[中国台北](address)天气如何？

- [今天] (date-time) [上海] (address) 的天气。
- [两天前] (date-time) [上海] (address) 的天气如何？
- [今天] (date-time) [中国台北] (address) 的天气如何？
- [明天] (date-time) 去[北京] (address) 我需要不需要带雨衣？
- [下星期日] (date-time) [北京] (address) 去外边需要戴毛线帽吗？
- [今天] (date-time) [北京] (address) 去外外边要穿羊毛袜吗？
- [三月五号] (date-time) [北京] (address) 去外边要穿外衣吗？
- [下个星期五] (date-time) 我在[厦门] (address) 需要带伞吗？
- [上海] (address) [三天后] (date-time) 多少度？
- [明天] (date-time) [上海] (address) 的温度如何？
- [今天] (date-time) [上海] (address) 的气温如何？
- [明天] (date-time) [马来西亚] (address) 天气是不是很冷？
- [下星期一] (date-time) [马来西亚] (address) 天气凉快吗？
- [下星期日] (date-time) [马来西亚] (address) 的天气会很热吗？
- [首都] (address) [明天] (date-time) 的天气。
- [魔都] (address) [下午] (date-time) 的天气。
- [首都] (address) [明天] (date-time) 的天气怎么样？
- [魔都] (address) [下午] (date-time) 的天气怎么样？
- [今天] (date-time) 天气如何？
- 你知道[现在] (date-time) 外面冷不冷么？
- 我还想知道[一月一号] (date-time) 的天气。
- 稍后[晚上] (date-time) 会下雨吗？
- [今天] (date-time) 会不会晴朗？
- [昨天] (date-time) 几度？
- [九月初四] (date-time) 的天气如何？
- [明天] (date-time) 天气多少度？
- [今天] (date-time) 天气。
- [昨天] (date-time) 什么天气？
- [明天] (date-time) 要不要戴手套？
- [今天] (date-time) 去外边要穿毛衣吗？
- [明天] (date-time) 去外边要带雨伞吗？
- [两天后] (date-time) 我需要不需要带雨靴？
- [下星期一] (date-time) 在外边需要戴墨镜吗？
- [明天] (date-time) 的天气会温和吗？
- [今天] (date-time) 天气很热吗？
- [今天] (date-time) 天气几度？
- [两天后] (date-time) 的天气会不会很冷？
- [明天] (date-time) 的天气是不是很暖？
- intent: info_date
  examples: |
    - [明天] (date-time)。

      - [后天](date-time)。
      - [下个星期日](date-time)怎么样？
      - 还需要[昨天](date-time)的。
      - 我还要[昨天](date-time)的。
      - [明天](date-time)如何？
      - [后天](date-time)如何？
      - [星期六](date-time)呢？
      - [后天](date-time)的呢？
      - [明天](date-time)的怎么说？
      - [两天后](date-time)的大概什么样？
      - [前天](date-time)的。
      - 帮我查查[三天前](date-time)的。
      - 帮我查查[下星期五](date-time)的。
      - 还要[明天](date-time)的。
  - intent: info_address
    examples: |
      - 告诉我[广州](address)怎么样？
      - [广州](address)。
      - 那么[辽宁](address)呢？
      - [北京](address)啥情况？
      - [厦门](address)怎么样？
      - [武汉](address)呢？
      - [中国香港](address)呢？
      - 我在[杭州](address)。
      - [上海](address)。
      - 在[宁波](address)呢。
      - [宁波](address)。
      - [首都](address)。
  - intent: affirm
    examples: |
      - 是。
      - 是的。
      - 没问题。
      - 好。
      - 好的。
      - 可以。
      - 挺好。
      - 没错。
      - 继续。
      - 没毛病。
  - intent: deny

```
  examples: |
    - 不。
    - 不行。
    - 没。
    - no。
    - 不可以。
    - 算了。
    - 不要。
    - 不要了。
    - 没有。
- intent: stop
  examples: |
    - 停。
    - 停止。
- intent: chitchat/whoyouare
  examples: |
    - 你是谁啊?
    - 你叫什么名字?
    - 你叫什么名字呢?
    - 你叫什么呀?
    - 介绍一下自己。
    - 介绍自己。
- intent: chitchat/whatyoucando
  examples: |
    - 你能干啥?
    - 你能干什么?
    - 你能干什么呢?
    - 你能干啥呀?
    - 你能做什么?
    - 你能做什么呢?
    - 你有哪些技能?
    - 你的本领是什么?
    - 你的本领是什么呢?
- synonym: 下星期一
  examples: |
    - 下星期一。
- synonym: 今天。
  examples: |
    - 早上。
    - 中午。
    - 晚上。
```

```
        - 下午。
        - 傍晚。
        - 今日。
    - synonym: 明天
      examples: |
        - 明天。
    - synonym: 北京
      examples: |
        - 首都。
    - synonym: 上海
      examples: |
        - 魔都。
```

5.4.2.2　data/stories.yml

```
version: "3.0"
  stories:
  - story: greet
    steps:
    - intent: greet
    - action: utter_greet
  - story: say goodbye
    steps:
    - intent: goodbye
    - action: utter_goodbye
  - story: chitchat
    steps:
    - intent: chitchat
    - action: respond_chitchat
  - story: form with stop then deny
    steps:
    - or:
      - intent: weather
      - intent: weather
        entities:
        - address: 上海
      - intent: weather
        entities:
        - date-time: 明天
      - intent: weather
        entities:
```

```
      - date-time: 明天
      - address: 上海
    - action: weather_form
    - active_loop: weather_form
    - intent: stop
    - action: utter_ask_continue
    - intent: deny
    - action: action_deactivate_loop
    - active_loop: null
```

5.4.2.3　data/rules.yml

```
version: '3.0'
rules:
  - rule: activate weather form
    steps:
      - intent: weather
      - action: weather_form
      - active_loop: weather_form
  - rule: Submit form
    condition:
      # Condition that form is active.
      - active_loop: weather_form
    steps:
      - action: weather_form
      - active_loop: null
      - slot_was_set:
          - requested_slot: null
      # The action we want to run when the form is submitted.
      - action: action_weather_form_submit
```

5.4.2.4　data/cities.yml

```
version: "3.0"
nlu:
  - lookup: cities
    examples: |
      - 江宁区。
      - 常德市西洞庭管理区。
      - 常德市津市。
      - 桂阳县。
      - 日喀则市桑珠孜区。
```

    - 白碱滩区
    - ...

5.4.2.5　domain.yml

```
version: '3.0'
  session_config:
    session_expiration_time: 60
    carry_over_slots_to_new_session: true
  intents:
- goodbye
- greet
- weather
- chitchat
- deny
- stop
- affirm
- info_date
- info_address
  entities:
- address
- date-time
  slots:
    address:
      type: text
      influence_conversation: false
      mappings:
      - entity: address
        type: from_entity
        conditions:
        - active_loop: weather_form
    date-time:
      type: text
      influence_conversation: false
      mappings:
      - entity: date-time
        type: from_entity
        conditions:
        - active_loop: weather_form
  responses:
    utter_greet:
    - text: 您好，请说出需要提供天气预测服务的地点和时间。
```

```
utter_goodbye:
- text: 再见!
utter_ask_address:
- text: 想查询哪里的天气呢?
utter_ask_date-time:
- text: 想查询什么时候的天气呢?
utter_ask_continue:
- text: 是否要继续?
utter_default:
- text: 系统不明白您说的话,请换个说法。
actions:
- utter_ask_address
- utter_ask_date-time
- utter_goodbye
- utter_greet
- utter_ask_continue
- utter_default
- respond_chitchat
- action_weather_form_submit
forms:
  weather_form:
    ignored_intents: []
    required_slots:
    - address
    - date-time
```

5.4.2.6　config.yml

```
recipe: default.v1
  language: zh
  pipeline:
    - name: JiebaTokenizer
    - name: LanguageModelFeaturizer
      model_name: bert
      model_weights: bert-base-chinese
    - name: RegexFeaturizer
    - name: DIETClassifier
      epochs: 100
      learning_rate: 0.001
      tensorboard_log_directory: ./log
    - name: ResponseSelector
      epochs: 100
```

```
      learning_rate: 0.001
    - name: EntitySynonymMapper
  policies:
    - name: MemoizationPolicy
    - name: TEDPolicy
  - name: RulePolicy
```

5.4.2.7 endpoints.yml

```
action_endpoint:
  url: "http://localhost:5055/webhook"
```

5.4.2.8 credentials.yml

```
socketio:
  user_message_evt: user_uttered
  bot_message_evt: bot_uttered
  session_persistence: false

rasa:
  url: "http://localhost:5002/api"
```

5.4.2.9 actions/actions.py

为了只关注 Rasa 相关功能，减少对业务系统的关联，与天气查询密切相关的代码已经放到了项目下的 service 包中（可在电子工业出版社博文视点网站找到本书的全部代码）。这里仅列出在动作文件中使用的代码。

```
from typing import Any, Text, Dict, List

from rasa_sdk import Tracker, Action
from rasa_sdk.executor import CollectingDispatcher

from service.weather import get_text_weather_date
from service.normalization import text_to_date


class ActionWeatherFormSubmit(Action):
    def name(self) -> Text:
        return "action_weather_form_submit"

    def run(
        self, dispatch: CollectingDispatcher, tracker: Tracker,
domain: Dict[Text, Any]
```

```
) -> List[Dict]:
    city = tracker.get_slot("address")
    date_text = tracker.get_slot("date-time")

    date_object = text_to_date(date_text)

    if not date_object:  # parse date_time failed
        msg = "暂不支持查询 {} 的天气".format([city, date_text])
        dispatch.utter_message(msg)
    else:
        dispatch.utter_message(templete="utter_working_on_it")
        try:
            weather_data = get_text_weather_date(city,
date_object, date_text)
        except Exception as e:
            exec_msg = str(e)
            dispatch.utter_message(exec_msg)
        else:
            dispatch.utter_message(weather_data)

    return []
```

5.4.3　客户端/服务器

本项目所使用的客户端/服务器和第 4 章中 FAQ 机器人项目中的完全一致，具体代码和说明请参考第 4 章，这里不再重复。

5.4.4　运行 Rasa 服务器

```
rasa run --cors "*"
```

客户端和 Rasa 服务器存在跨域（Cross-Origin Resource Sharing，CORS）问题，需要通过设置 --cors "*" 来解决。

5.4.5　运行动作服务器

由于本项目使用了第三方的天气预报 API，因此启动时需要通过环境变量传递 API 密钥，如下所示。

```
SENIVERSE_KEY=xxxx rasa run actions
```

xxxx 部分应该替换成从心知天气（百度搜索"心知天气"，即可找到官网）申请获得的 API 密钥。开发者可以免费注册，注册后可以在后台找到"我的 API 密钥"。

5.4.6　运行网页客户端

```
python -m http.server
```

上述代码将会在本地的 8000 端口启动一个基于 HTTP 的服务器，在浏览器中访问，单击界面右下角的蓝色对话按钮，就可以和机器人对话了。

5.4.7　更多可能的功能

天气预报机器人只是一个简单的示例，开发者在理解该项目后，可以根据兴趣为之添加更多功能，下面是一些不错的开始。

- 利用自定义 NLG 服务器的功能，根据时间，在打招呼信息中，加入"早上好""中午好""晚上好"之类的信息。
- 利用事件 broker 机制，统计全体用户在对话中说到的城市和日期的分布情况。

5.5　小结

本章介绍了 Rasa 中基于规则的对话管理方法，首先介绍了如何使用 fallback 机制去处理 Rasa 应用程序无法处理用户请求的情况；然后介绍了使用意图触发动作的方法；最后介绍了一种常用的收集信息并处理的方法——表单，利用表单，我们可以优雅地解决许多对话管理的问题。

第 6 章将介绍 Rasa 如何处理基于知识库的问答。

基于知识库的问答

一个常见的对话机器人领域的难题是用户不仅会用名字来指代他们感兴趣的对象，还会用"这个""那个""第一个""第二个"这种指代词来表示。下面是一个示例的对话过程。

用　户：有什么好听的歌曲？

机器人：找到下列歌曲。

　　1.《江南》。

　　2.《舞娘》。

　　3.《晴天》。

用　户：第一首属于什么专辑？

机器人：《江南》，属于《第二天堂》专辑。

在上面的例子中，用户用"第一首"来指代《江南》，这种现象非常普遍。当对象的名字比较陌生（如宜家的"FRAKTA 编织袋"）或对象的名字比较长（如宜家的"马凯帕附储物格的长凳"）的时候，这种指代方法成为主要的表达方式。对话管理系统在处理这种表达方式时需要记住之前发送给用户的信息（如上例中的歌曲列表），才能正确地将这些指代词解析成正确的对象。

在实际场景中，用户会询问歌曲的专辑，或者餐厅的人均消费和菜系等对象的属性。为了能够回答用户的这些问题，关于音乐和餐厅的知识库是必需的。但是在有些领域中，这些信息是经常发生变化的，如酒店或机票的价格，因此硬编码这些信息是不行的。

为了处理这些难题，可以将 Rasa 和这些知识库整合。为此，开发者需要创建一个继承了 ActionQueryKnowledgeBase（来自 Rasa SDK 包）的自定义动作。ActionQueryKnowledgeBase 中包含代码逻辑，可以处理对象和属性的查询。

6.1　使用 ActionQueryKnowledgeBase

6.1.1　创建知识库

用于问答用户请求的数据都存储在知识库中。知识库可以用于存储很多结构复杂的数据。我们将从简单的 InMemoryKnowledgeBase 开始介绍。后续如果读者想处理海量的知识数据，那么可以自定义实现自己的知识库（后面实战环节，将会使用 Neo4j 知识库）。

想要使用 InMemoryKnowledgeBase，开发者需要通过 JSON 文件提供知识库数据。下面的样例数据包含歌曲和歌手的数据。知识库数据应该为每个对象类型设置一个键，如这里的 "song" 和 "singer"。每一个对象类型都需要映射到一个由对象构成的列表中，如下所示。

```
{
  "song": [
    {
      "id": 0,
      "name": "晴天",
      "singer": "周杰伦",
      "album": "叶惠美",
      "style": "流行,英伦摇滚"
    },
    {
      "id": 1,
      "name": "江南",
      "singer": "林俊杰",
      "album": "第二天堂",
      "style": "流行,中国风"
    },
    {
      "id": 2,
      "name": "舞娘",
      "singer": "蔡依林",
      "album": "舞娘",
```

```
      "style": "流行"
  },
  {
      "id": 3,
      "name": "后来",
      "singer": "刘若英",
      "album": "我等你",
      "style": "流行,抒情,经典"
  }
],
"singer": [
  {
      "id": 0,
      "name": "周杰伦",
      "gender": "male",
      "birthday": "1979/01/18"
  },
  {
      "id": 1,
      "name": "林俊杰",
      "gender": "male",
      "birthday": "1979/03/27"
  },
  {
      "id": 2,
      "name": "蔡依林",
      "gender": "female",
      "birthday": "1980/09/15"
  },
  {
      "id": 3,
      "name": "刘若英",
      "gender": "female",
      "birthday": "1969/06/01"
  }
  ]
}
```

在 InMemoryKnowledgeBase 的默认实现中，如同上面的例子一样，每一个对象都至少有 "name" 和 "id" 属性。

使用上面的数据文件（文件名为 data.json），开发者就可以创建一个 InMemoryKnowledgeBase 的实例，这个实例将被传递给动作文件用于后续的查询。

6.1.2 NLU 数据

为了让机器人知道用户想要进行知识库信息查询，开发者需要定义一个意图来表示用户这样的意图。本例将意图定义为 query_knowledge_base。

ActionQueryKnowledgeBase 可以处理的请求分成两类。

- 用户想要获得某个对象类型的列表，无论附加或不附加过滤条件。
- 用户想要获得对象的某个属性。

无论是哪种请求，都应该划分成为 query_knowledge_base 意图，下面是一个 NLU 数据的示例。

```
nlu:
- intent: query_knowledge_base
  examples: ||
  - 有什么好听的[歌曲](object_type)？
  - 有什么唱歌好听的[歌手](object_type)？
  - 给我列一些[歌曲](object_type)。
  - 给我列一些[歌手](object_type)。
  - 给我列一些[男](gender)[歌手](object_type)。
  - 给我列一些[男](gender)的[歌手](object_type)。
  - 给我列一些[女](gender)[歌手](object_type)。
  - 给我列一些[女](gender)的[歌手](object_type)。
  - 给我列一些[男性](gender)[歌手](object_type)。
  - 给我列一些[女性](gender)[歌手](object_type)。
  - 给我[男性](gender)[歌手](object_type)。
  - 给我[女性](gender)[歌手](object_type)。
  - 给我列出一些[周杰伦](singer)的[歌曲](object_type)。
  - 给我列出[周杰伦](singer)的[歌曲](object_type)。
  - 给我列出[周杰伦](singer)唱的[歌曲](object_type)。
  - 列出[周杰伦](singer)的[歌曲](object_type)。
  - 给我列[周杰伦](singer)的[歌曲](object_type)。
  - [林俊杰](singer)都有什么[歌曲](object_type)？
  - [林俊杰](singer)有什么[歌曲](object_type)？
  - [刚才那首](mention)属于什么[专辑](attribute)？
  - [刚才那首](mention)是[谁](attribute)唱的？
  - [刚才那首](mention)的[歌手](attribute)是谁？
  - [那首歌](mention)属于什么[风格](attribute)？
```

- [最后一个](mention)属于什么[风格](attribute)？
- [第一个](mention)属于什么[专辑](attribute)？
- [第一个](mention)的[专辑](attribute)。
- [第一个](mention)是[谁](attribute)唱的？
- [最后一个](mention)是[哪个](attribute)唱的？
- [舞娘](song)是[哪个歌手](attribute)唱的？
- [晴天](song)这首歌属于什么[专辑](attribute)？
- [晴天](song)的[专辑](attribute)？
- [江南](song)属于什么[专辑](attribute)？
- [江南](song)在什么[专辑](attribute)里面？
- [第一个](mention)人的[生日](attribute)。
- [周杰伦](singer)的[生日](attribute)。

上面的例子中出现了 3 种实体，这 3 种实体对于完成知识库查询非常重要。

- object_type：当用户给出需要查询的对象的类型时，需要将其标注为 object_type 类型的实体。例如，当用户说"有什么好听的歌曲"时，需要将歌曲标注为 object_type 类型的实体，即"有什么好听的[歌曲](object_type)？"。另外，需要使用实体值映射的方法将用户表达的值转换成知识库里面的值，如将"歌曲"映射成"song"，将"歌手"映射成 "singer"。

- mention：当用户使用"这首""第一个""最后一个"这样的表述去指代对象时，需要将这样的表示指代的短语标注成 mention 类型的实体。例如，当用户说"第一个属于什么专辑？"时，需要将第一个标注为 mention 类型的实体，即"[第一个](mention)属于什么专辑？"。这里需要使用实体值映射的方法将指代的表述标准化，如将"第一个"映射成"1"，将"最后一个"映射成"LAST"。

- attribute：知识库中对象的所有属性都应该在 NLU 的训练数据中被标注为 attribute 实体。例如，当用户说"第一个属于什么专辑？"时，需要将专辑标注为 attribute 类型的实体，即"第一个属于什么[专辑](attribute)？"。和前面一样，这里需要使用实体值映射的方法将用户说的属性值映射成知识库中的属性值，如将"专辑"映射成"album"，将"生日"映射成"birthday"。

不要忘了，需要修改 domain.yaml，将下面的配置加入领域文件。

```
entities:
  - object_type
  - mention
  - attribute
slots:
```

```
attribute:
  type: any
  mappings:
  - type: from_entity
    entity: attribute
mention:
  type: any
  mappings:
  - type: from_entity
    entity: mention
object_type:
  type: any
  mappings:
  - type: from_entity
    entity: object_type
```

6.1.3 自定义基于知识库的动作

通过继承 ActionQueryKnowledgeBase 并将知识库实例作为参数传递给构造函数，开发者可以创建自己的基于知识库的动作。下面是一个相关示例。

```
from rasa_sdk.knowledge_base.storage import InMemoryKnowledgeBase
from rasa_sdk.knowledge_base.actions import
ActionQueryKnowledgeBase

class MyKnowledgeBaseAction(ActionQueryKnowledgeBase):
    def name(self) -> Text:
        return "action_response_query"

    def __init__(self):
        knowledge_base = InMemoryKnowledgeBase("data.json")
        super().__init__(knowledge_base)
```

在上面的代码中，我们以 data.json 文件为数据来源构建了一个 InMemoryKnowledgeBase 的实例，并把它作为知识库的实例传递给了 ActionQueryKnowledgeBase 的构造函数。

现在将动作加入领域（domain）配置中，如下。

```
actions:
 - action_response_query
```

最后，我们需要在 story.md 中加入适当的故事来确保当用户表达 query_knowledge_base 的意图时，动作 action_query_knowledge_base 能够被执行。举例如下。

```
stories:
- story: knowledge query
  steps:
    - intent: query_knowledge_base
    - action: action_response_query
```

6.2　工作原理

ActionQueryKnowledgeBase 既需要当前提取的实体信息，又需要先前对话留下的词槽，这样才能确定查询什么。

6.2.1　对象查询

为了能够在知识库中查询对象，用户的请求中应该包含对象的类型。让我们看下面的例子。

有什么好听的歌曲？

这个问题包含了用户想要查询的对象：歌曲。在 NLU 部分，这个问题应该被解析成"有什么好听的[歌曲](object_type)？"，随后"歌曲"会被映射成"song"，这样机器人就会去查询 song 知识库，从而列出里面的实体。

当用户说了类似下面这样的话时：

给我列出一些周杰伦的歌曲。

说明用户想要获得歌手属性为周杰伦的歌曲列表。在 NLU 部分，上面的例子将被解析成"给我列出一些[周杰伦](singer)的[歌曲](object_type)。"。和上一个例子相比，值为"周杰伦"的 singer 实体提供了查询的过滤条件。

6.2.2　属性查询

如果想要获取某个对象的特定信息，那么用户应该在请求中包含对象信息和感兴趣的属性。用户可能会这样说：

[七里香](song)属于什么[专辑](attribute)？

这个用户想查询《七里香》（对象）的"专辑"（属性）的情况。这个例子会提取出值为《七里香》的 song 实体，以及值为 "专辑" 的 attribute 实体。song 实体用于确定对象是哪个，attribute 实体用于明确需要查询的属性。

6.2.3　解析指代

在实际情况中，用户可能不会像 "《七里香》属于什么专辑？" 一样直接用歌曲的名字来指明对象，而会指代出前面出现过的列表中的对象，就像下面的例子。

第一个属于什么专辑？

动作的执行需要具备将这些指代词（如上例中的 "第一个"）正确地映射成知识库中的对象的能力。细化来说，ActionQueryKnowledgeBase 可以解析 2 种不同的指代。

- 序数指代，如 "第一个"。
- 代词指代，如 "这家"。

6.2.3.1　序数指代

用一个对象在列表中的位置来指代该对象的做法称为序数指代，举例如下。

用　户：有什么好听的歌曲？

机器人：找到下列歌曲。

　　　1.《江南》。

　　　2.《舞娘》。

　　　3.《晴天》。

用　户：第一个属于什么专辑？

用户使用了 "第一个" 来指代《江南》。其他的序数指代词可能包括 "第二个" "最后一个" "任何一个" 等。用户通常在上一轮对话中机器人给出了列表结果的时候使用序数指代。为了将序数指代词解析/映射成真正的对象，在 ActionQueryKnowledgeBase 中要设置映射关系，默认设置如下。

```
{
    "1": lambda l: l[0],
    "2": lambda l: l[1],
    "3": lambda l: l[2],
    "4": lambda l: l[3],
    "5": lambda l: l[4],
    "6": lambda l: l[5],
    "7": lambda l: l[6],
```

```
    "8": lambda l: l[7],
    "9": lambda l: l[8],
    "10": lambda l: l[9],
    "ANY": lambda l: random.choice(l),
    "LAST": lambda l: l[-1],
}
```

序数映射字典将字符状态的序数映射成列表中的对象，如通过闭包函数 lambda l: l[0]，将"1"映射成列表中索引（index）为 0 的对象，即列表中的第一个对象。

可以看出，序数映射字典不包含"第一个"这样的键（key），开发者需要使用实体值映射的方法将用户表达的不规则的序数指代映射成标准的序数指代，如把"第一个"映射成"1"，把"最后一个"映射成"LAST"等。为了达到这样的目的，开发者可以通过 NLU 的实体同义词映射来完成，如下所示。

```
nlu:
- synonym: '1'
  examples: |
    - 第一个。
    - 首个。
    - 第一首。
```

虽然 NLU 组件检测到"第一首"是指代词，但会通过实体值映射的方法将"第一首"映射成"1"，这样 ActionQueryKnowledgeBase 就可以将"第一首"映射成对象《江南》。

6.2.3.2　其他指代

下面来看一个例子。

用　户：有什么好听的歌曲。

机器人：找到下列歌曲。

　　　　1.《江南》。

　　　　2.《舞娘》。

　　　　3.《晴天》。

用　户：第一首属于什么专辑？

机器人：《江南》的专辑是《第二天堂》。

用　户：它是哪一年发行的？

当用户说"它是哪一年发行的？"的时候，用户用"它"来指代《江南》。当

NLU 检测到"mention"的值是"它"的时候，ActionQueryKnowledgeBase 就会将这个指代词映射成对话中最后提及的对象：《江南》。

6.3 自定义

6.3.1 自定义 ActionQueryKnowledgeBase

本节将介绍如何自定义 ActionQueryKnowledgeBase 返回给用户的消息。这对 Rasa 中文开发者非常重要，因为默认的返回消息使用的是英语。

6.3.1.1 utter_objects()

当用户请求机器人返回对象列表时，utter_objects()会被调用。utter_objects()的功能是把对象列表的情况回复给用户。下面是一个默认情况下的例子。

```
Found the following objects of type 'song': 1.《江南》2.《舞娘》3.《晴天》.
```

当没有找到对象时，默认的响应如下。

```
I could not find any objects of type 'song'.
```

这种默认的返回结果无法作为商用产品呈现给用户。我们必须要返回基于中文的更加贴近业务的响应内容。这种需求可以通过自定义 utter_objects()来实现。

6.3.1.2 utter_attribute_value()

当用户请求机器人返回某一对象的具体属性时，utter_attribute_value()就会被调用，该函数需要将查询到的结果返回给用户。

如果属性被找到，那么默认的响应如下。

```
'《江南》' has the value '《第二天堂》' for attribute 'album'.
```

如果属性没有被找到，那么默认的响应如下。

```
Did not find a valid value for attribute 'album' for object '《江南》'.
```

显然，我们需要通过自定义 utter_attribute_value()来更改这部分响应内容。

6.3.2 自定义 InMemoryKnowledgeBase

InMemoryKnowledgeBase 继承 KnowledgeBase 类。可以通过重写（override）以下函数来实现自定义 InMemoryKnowledgeBase。

- get_key_attribute_of_object()：为了追踪用户最后提到的对象，我们需要存储一个对象的关键属性（key attribute）。每一个对象都应该有一个全局唯一的关键属性，就像关系数据库中的主键。在默认情况下，关键属性的名字是 id。开发者可以调用 set_key_attribute_of_object() 来更改设置。

- get_representation_function_of_object()：让我们来看下面这个餐厅。

```
{
    "id":1,
    "name":"沙县小吃",
    "cuisine":"闽菜",
    "private_room":false,
    "price-range":"cheap"
}
```

当用户要求机器人输出所有的餐厅时，并不需要列出餐厅的所有细节。开发者应该提供一个简单、有意义并唯一的标志，在多数情况下，一个对象的 name 字段就是这样的标志。函数 get_representation_function_of_object() 返回一个函数对象，用于将对象映射到对象的标志，默认值是 lambda obj: obj["name"]，也就是返回一个对象的 name 属性作为其标志。开发者遇到对象没有 name 属性或 name 属性存在歧义的情况时，应该调用 set_representation_function_of_object() 来更改设置。

- set_ordinal_mention_mapping()：序数指代映射用于将一个序数指代词，如"第二个"，转换成列表中的一个对象。默认的序数指代映射大体如下。

```
{
    "1": lambda l: l[0],
    "2": lambda l: l[1],
    "3": lambda l: l[2],
    "4": lambda l: l[3],
    "5": lambda l: l[4],
    "6": lambda l: l[5],
    "7": lambda l: l[6],
    "8": lambda l: l[7],
    "9": lambda l: l[8],
    "10": lambda l: l[9],
    "ANY": lambda l: random.choice(l),
    "LAST": lambda l: l[-1],
}
```

开发者可以仿照默认设置实现，通过调用 set_ordinal_mention_mapping() 方法来更改设置，从而实现自定义。

6.3.3　创建自定义知识库

在数据特别多或数据结构很复杂的情况下，需要创建自定义知识库，先继承 KnowledgeBase，再实现 get_objects()、get_object()和 get_attribute_of_object()方法，后续会讲解这部分内容。

6.4　实战：基于知识库的音乐百科机器人

在对话机器人中应用知识库（知识图谱）解决问题在某些领域（如医疗）是刚需。本节将带领开发者完成一个基于文本知识库的音乐百科机器人，随后将扩展此项目，让它能够支持工业生产级别的知识库：Neo4j。

6.4.1　功能

6.4.1.1　查询对象列表并要求给出指定对象的属性

示例 1：无条件查询歌曲并要求给出指定歌曲（通过指代）的专辑属性。

用　户：有什么好听的歌曲？

机器人：找到下列歌曲。

　　　　1.《江南》。

　　　　2.《舞娘》。

　　　　3.《晴天》。

用　户：第一首属于什么专辑？

机器人：《江南》的专辑是《第二天堂》。

示例 2：无条件查询歌手并要求给出指定歌手（通过名字）的生日属性。

用　户：列出一些歌手。

机器人：找到下列歌手。

　　　　1. 蔡依林。

　　　　2. 林俊杰。

　　　　3. 刘若英。

　　　　4. 周杰伦。

用　户：周杰伦的生日是什么时候？

机器人：周杰伦的生日是 1979/01/18。

6.4.1.2　查询满足特定属性要求的对象列表

示例 1：查询歌曲列表并要求歌曲的歌手属性（也就是演唱者）为周杰伦。

用　　户：给我列出周杰伦的歌曲。

机器人：找到歌曲《晴天》。

示例 2：查询歌手列表并要求歌手的性别属性为男性。

用　　户：列一些男性歌手。

机器人：找到下列歌手。

　　　1. 林俊杰。

　　　2. 周杰伦。

6.4.2　实现

遵循 Rasa 官方的项目目录布局，我们的项目目录布局如下。

```
.
├── actions
│   ├── actions.py
│   └── __init__.py
├── config.yml
├── credentials.yml
├── data
│   ├── nlu.yml
│   └── stories.yml
├── domain.yml
├── endpoints.yml
├── data.json
└── tests
```

在本项目中，actions/__init__.py 文件内容为空。其余文件内容将逐一介绍。

6.4.2.1　data/nlu.yml

```
version: "3.0"
nlu:
  - intent: goodbye
    examples: |
      - 拜拜！
      - 再见！
      - 拜！
      - 退出。
```

```
      - 结束。
  - intent: greet
    examples: |
      - 你好!
      - 您好!
      - hello!
      - Hi!
      - 喂!
      - 在么!
  - intent: query_knowledge_base
    examples: |
      - 有什么好听的[歌曲](object_type)?
      - 有什么唱歌好听的[歌手](object_type)?
      - 给我列一些[歌曲](object_type)。
      - 给我列一些[歌手](object_type)。
      - 给我列一些[男](gender)[歌手](object_type)。
      - 给我列一些[男](gender)的[歌手](object_type)。
      - 给我列一些[女](gender)[歌手](object_type)。
      - 给我列一些[女](gender)的[歌手](object_type)。
      - 给我列一些[男性](gender)[歌手](object_type)。
      - 给我列一些[女性](gender)[歌手](object_type)。
      - 给我[男性](gender)[歌手](object_type)。
      - 给我[女性](gender)[歌手](object_type)。
      - 给我列出一些[周杰伦](singer)的[歌曲](object_type)。
      - 给我列出[周杰伦](singer)的[歌曲](object_type)。
      - 给我列出[周杰伦](singer)唱的[歌曲](object_type)。
      - 列出[周杰伦](singer)的[歌曲](object_type)。
      - 给我列[周杰伦](singer)的[歌曲](object_type)。
      - [林俊杰](singer)都有什么[歌曲](object_type)?
      - [林俊杰](singer)有什么[歌曲](object_type)?
      - [刚才那首](mention)属于什么[专辑](attribute)?
      - [刚才那首](mention)是[谁](attribute)唱的?
      - [刚才那首](mention)的[歌手](attribute)是谁?
      - [那首歌](mention)属于什么[风格](attribute)?
      - [最后一个](mention)属于什么[风格](attribute)?
      - [第一个](mention)属于什么[专辑](attribute)?
      - [第一个](mention)的[专辑](attribute)。
      - [第一个](mention)是[谁](attribute)唱的?
      - [最后一个](mention)是[哪个](attribute)唱的?
      - [舞娘](song)是[哪个歌手](attribute)唱的?
      - [晴天](song)这首歌属于什么[专辑](attribute)?
```

- [晴天] (song) 的 [专辑] (attribute)?
- [江南] (song) 属于什么 [专辑] (attribute)?
- [江南] (song) 在什么 [专辑] (attribute) 里面?
- [第一个] (mention) 人的 [生日] (attribute)。
- [周杰伦] (singer) 的 [生日] (attribute)。

- intent: play_song
  examples: |
    - 播放这首歌。
    - 播这首歌。

- intent: play_album
  examples: |
    - 播放这个专辑。
    - 播这个专辑。

- synonym: "1"
  examples: |
    - 第一个。
    - 首个。
    - 第一首。

- synonym: "2"
  examples: |
    - 第二个。
    - 第二首。

- synonym: "3"
  examples: |
    - 第三个。
    - 第三首。

- synonym: LAST
  examples: |
    - 最后一个。
    - 最后那个。
    - 最后的。

- synonym: birthday
  examples: |
    - 生日。

- synonym: song
  examples: |
    - 歌曲。

- synonym: singer
  examples: |
    - 歌手。
    - 谁?

```
      - 哪个?
      - 哪个歌手?
  - synonym: album
    examples: |
      - 专辑。
  - synonym: "4"
    examples: |
      - 第四个。
      - 第四首。
  - synonym: style
    examples: |
      - 风格。
      - 类型。
      - 流派。
  - synonym: male
    examples: |
      - 男。
      - 男性。
  - synonym: female
    examples: |
      - 女。
      - 女性。
```

6.4.2.2 data/stories.yml

```
version: "3.0"
stories:
- story: greet
  steps:
  - intent: greet
  - action: utter_greet
- story: knowledge query
  steps:
  - intent: query_knowledge_base
  - action: action_response_query
  - intent: query_knowledge_base
  - action: action_response_query
- story: say goodbye
  steps:
  - intent: goodbye
  - action: utter_goodbye
```

6.4.2.3　data/rules.yml

```
version: "3.0"
rules:
  - rule: 处理 NLU 低置信度时的规则
    steps:
      - intent: nlu_fallback
      - action: action_default_fallback
```

6.4.2.4　domain.yml

```
version: "3.0"
session_config:
  session_expiration_time: 60
  carry_over_slots_to_new_session: true
intents:
  - goodbye
  - greet
  - query_knowledge_base:
      use_entities: []
  - play_song
  - play_album
entities:
  - object_type
  - mention
  - attribute
  - object-type
  - song
  - singer
  - gender
slots:
  attribute:
    type: any
    mappings:
      - type: from_entity
        entity: attribute
  gender:
    type: any
    mappings:
      - type: from_entity
        entity: gender
  knowledge_base_last_object:
```

```yaml
    type: any
    mappings:
      - type: custom
  knowledge_base_last_object_type:
    type: any
    mappings:
      - type: custom
  knowledge_base_listed_objects:
    type: any
    mappings:
      - type: custom
  knowledge_base_objects:
    type: any
    mappings:
      - type: custom
  mention:
    type: any
    mappings:
      - type: from_entity
        entity: mention
  object_type:
    type: any
    mappings:
      - type: from_entity
        entity: object_type
  singer:
    type: any
    mappings:
      - type: from_entity
        entity: singer
  song:
    type: any
    mappings:
      - type: from_entity
        entity: song
responses:
  utter_greet:
    - text: 您好，我是 Silly，一个可以利用知识图谱帮您查询歌手、音乐和专辑的机
器人。
  utter_goodbye:
    - text: 再见！
```

```
utter_default:
  - text: 系统不明白您说的话。
utter_ask_rephrase:
  - text: 抱歉系统没能明白您的话，请您重新表述一次。
actions:
- action_response_query
- utter_goodbye
- utter_greet
- utter_default
- utter_ask_rephrase
```

6.4.2.5　config.yml

```
recipe: default.v1
language: zh
pipeline:
- name: JiebaTokenizer
- name: LanguageModelFeaturizer
  model_name: bert
  model_weights: bert-base-chinese
- name: RegexFeaturizer
- name: DIETClassifier
  epochs: 1000
  learning_rate: 0.001
- name: EntitySynonymMapper
- name: FallbackClassifier
  threshold: 0.3
  ambiguity_threshold: 0.1
policies:
- name: MemoizationPolicy
- name: TEDPolicy
- name: RulePolicy
  core_fallback_threshold: 0.3
  core_fallback_action_name: action_default_fallback
```

6.4.2.6　endpoints.yml

```
action_endpoint:
  url: "http://localhost:5055/webhook"
```

6.4.2.7　data.json

```
{
    "song": [
```

```json
    {
        "id": 0,
        "name": "晴天",
        "singer": "周杰伦",
        "album": "叶惠美",
        "style": "流行,英伦摇滚"
    },
    {
        "id": 1,
        "name": "江南",
        "singer": "林俊杰",
        "album": "第二天堂",
        "style": "流行,中国风"
    },
    {
        "id": 2,
        "name": "舞娘",
        "singer": "蔡依林",
        "album": "舞娘",
        "style": "流行"
    },
    {
        "id": 3,
        "name": "后来",
        "singer": "刘若英",
        "album": "我等你",
        "style": "流行,抒情,经典"
    }
],
"singer": [
    {
        "id": 0,
        "name": "周杰伦",
        "gender": "male",
        "birthday": "1979/01/18"
    },
    {
        "id": 1,
        "name": "林俊杰",
        "gender": "male",
        "birthday": "1979/03/27"
```

```
        },
        {
            "id": 2,
            "name": "蔡依林",
            "gender": "female",
            "birthday": "1980/09/15"
        },
        {
            "id": 3,
            "name": "刘若英",
            "gender": "female",
            "birthday": "1969/06/01"
        }
    ]
}
```

6.4.2.8　actions/actions.py

```python
import os
import json
import os
from collections import defaultdict
from typing import Any, Dict, List, Text

from rasa_sdk import Action, Tracker, utils
from rasa_sdk.events import SlotSet
from rasa_sdk.executor import CollectingDispatcher
from rasa_sdk.knowledge_base.actions import
ActionQueryKnowledgeBase
from rasa_sdk.knowledge_base.storage import InMemoryKnowledgeBase

USE_NEO4J = bool(os.getenv("USE_NEO4J", False))

if USE_NEO4J:
    from neo4j_knowledge_base import Neo4jKnowledgeBase


class EnToZh:
    def __init__(self, data_file):
        with open(data_file) as fd:
            self.data = json.load(fd)
```

```python
    def __call__(self, key):
        return self.data.get(key, key)


class MyKnowledgeBaseAction(ActionQueryKnowledgeBase):
    def name(self) -> Text:
        return "action_response_query"

    def __init__(self):
        if USE_NEO4J:
            print("using Neo4jKnowledgeBase")
            knowledge_base = Neo4jKnowledgeBase("bolt://localhost:
7687", "neo4j", "43215678")
        else:
            print("using InMemoryKnowledgeBase")
            knowledge_base = InMemoryKnowledgeBase("data.json")

        super().__init__(knowledge_base)

        self.en_to_zh = EnToZh("en_to_zh.json")

    async def utter_objects(
        self,
        dispatcher: CollectingDispatcher,
        object_type: Text,
        objects: List[Dict[Text, Any]],
    ) -> None:
        """
        Utters a response to the user that lists all found objects.
        Args:
            dispatcher: the dispatcher
            object_type: the object type
            objects: the list of objects
        """
        if objects:
            dispatcher.utter_message(text="找到下列{}:".format(self.
en_to_zh(object_type)))

            repr_function = await utils.call_potential_coroutine(
                self.knowledge_base.get_representation_function_of_
object(object_type)
```

```
        )

        for i, obj in enumerate(objects, 1):
            dispatcher.utter_message(text=f"{i}:
{repr_function(obj)}")
    else:
        dispatcher.utter_message(
            text="我没找到任何{}.".format(self.en_to_zh(object_
type))
        )

    def utter_attribute_value(
        self,
        dispatcher: CollectingDispatcher,
        object_name: Text,
        attribute_name: Text,
        attribute_value: Text,
    ) -> None:
        """
        Utters a response that informs the user about the attribute
value of the
        attribute of interest.
        Args:
            dispatcher: the dispatcher
            object_name: the name of the object
            attribute_name: the name of the attribute
            attribute_value: the value of the attribute
        """
        if attribute_value:
            dispatcher.utter_message(
                text="{}的{}是{}。".format(
                    self.en_to_zh(object_name),
                    self.en_to_zh(attribute_name),
                    self.en_to_zh(attribute_value),
                )
            )
        else:
            dispatcher.utter_message(
                text="没有找到{}的{}。".format(
                    self.en_to_zh(object_name), self.en_to_zh
(attribute_name)
```

```
        )
        )
```

在上述代码中的__init__方法中，初始化知识库是通过以下代码完成的。

```
if USE_NEO4J:
    print("using Neo4jKnowledgeBase")
    knowledge_base = Neo4jKnowledgeBase("bolt://localhost:7687",
"neo4j", "43215678")
else:
    print("using InMemoryKnowledgeBase")
    knowledge_base = InMemoryKnowledgeBase("data.json")
```

这 里 我 们 使 用 了 USE_NEO4J 这 个 变 量 来 确 定 究 竟 应 该 使 用 Neo4jKnowledgeBase 还是 InMemoryKnowledgeBase 作为知识库。USE_NEO4J 是通过 USE_NEO4J = bool(os.getenv("USE_NEO4J", False))从系统环境中读取数据的，默认值为"False"。通过以上代码，我们可以对环境变量进行设定来动态决定应该使用哪个知识库。

6.4.3 客户端/服务器

本项目所使用的客户端/服务器和第 5 章中天气预报机器人项目中的完全一致，具体代码和说明请参考第 5 章，这里不再重复。

6.4.4 运行 Rasa 服务器

```
rasa run --cors "*"
```

客户端和 Rasa 服务器存在跨域（Cross-Origin Resource Sharing，CORS）问题，需要通过设置--cors "*"来解决。

6.4.5 运行动作服务器

执行如下命令。

```
rasa run actions
```

6.4.6 运行网页客户端

```
python -m http.server
```

上述代码将会在本地的 8000 端口启动一个基于 HTTP 的服务器，在浏览器中访问，单击界面右下角的蓝色对话按钮，就可以和机器人对话了。

6.4.7　使用 Neo4j

前面的部分使用的都是 Rasa 自带的 InMemoryKnowledgeBase 知识库，现在我们将这个项目扩展，使之可以使用 Neo4j 作为知识库。

6.4.7.1　安装 Neo4j

我们使用简单和通用的 docker 来安装 Neo4j。

```
docker run --env=NEO4J_AUTH=none --publish=7474:7474 --publish=
7687:7687 neo4j:3.5.20
```

6.4.7.2　数据模式建立和数据导入

我们已经写好了一个脚本 data_to_neo4j.py，用于建立数据模式并导入数据，其内容如下。

```python
import json
from neo4j import GraphDatabase


class MusicDatabase(object):
    def __init__(self, uri, user, password):
        self._driver = GraphDatabase.driver(uri, auth=(user,
password))

    def close(self):
        self._driver.close()

    def write_data(
        self,
        singer_id,
        singer_name,
        singer_gender,
        singer_birthday,
        song_id,
        song_name,
        album_id,
        album_name,
    ):
        with self._driver.session() as session:
            greeting = session.write_transaction(
                self._write_data,
```

```
                    singer_id,
                    singer_name,
                    singer_gender,
                    singer_birthday,
                    song_id,
                    song_name,
                    album_id,
                    album_name,
                )
                print(greeting)

    @staticmethod
    def _write_data(
        tx,
        singer_id,
        singer_name,
        singer_gender,
        singer_birthday,
        song_id,
        song_name,
        album_id,
        album_name,
    ):
        result = tx.run(
            "MERGE (singer:Singer {id:$singer_id, name:$singer_name,
gender:$singer_gender, birthday:$singer_birthday})"
            "MERGE (song:Song {id:$song_id, name:$song_name})"
            "MERGE (album:Album {id:$album_id, name:$album_name})"
            "MERGE (song)-[:SUNG_BY]->(singer)"
            "MERGE (song)-[:INCLUDED_IN]->(album)"
            "MERGE (album)-[:PUBLISHED_BY]->(singer)",
            singer_id=singer_id,
            singer_name=singer_name,
            singer_gender=singer_gender,
            singer_birthday=singer_birthday,
            song_id=song_id,
            song_name=song_name,
            album_id=album_id,
            album_name=album_name,
        )
        return result.single()
```

```python
if __name__ == "__main__":
    with open("data.json") as fd:
        data = json.load(fd)
    db = MusicDatabase("bolt://localhost:7687", "neo4j", "neo4j")

    def get_singer_data(singer: str, attribute: str) -> str:
        for item in data["singer"]:
            if item["name"] == singer:
                return item[attribute]

        raise ValueError("value not found")

    singer_id = 0
    album_id = 0
    for item in data["song"]:
        db.write_data(
            singer_id,
            item["singer"],
            get_singer_data(item["singer"], "gender"),
            get_singer_data(item["singer"], "birthday"),
            item["id"],
            item["name"],
            album_id,
            item["album"],
        )
        singer_id += 1
        album_id += 1
    db.close()
```

执行以下命令完成数据模式建立和数据导入的步骤。

```
python ./data_to_neo4j.py
```

6.4.7.3 Neo4jKnowledgeBase

我们自定义的基于 Neo4j 的知识库具体实现代码如下。

```python
import json
from collections import defaultdict
from typing import Any, Dict, List, Text

from neo4j import GraphDatabase
```

```python
from rasa_sdk.knowledge_base.storage import KnowledgeBase


def _dict_to_cypher(data):
    pieces = []
    for k, v in data.items():
        piece = "{}: '{}'".format(k, v)
        pieces.append(piece)

    join_piece = ", ".join(pieces)

    return "{" + join_piece + "}"


class Neo4jKnowledgeBase(KnowledgeBase):
    def __init__(self, uri, user, password):
        self._driver = GraphDatabase.driver(uri, auth=(user,
password))

        self.representation_attribute = defaultdict(lambda: "name")

        self.relation_attributes = {
            "Singer": {},
            "Album": {},
            "Song": {"singer": "SUNG_BY", "album": "INCLUDED_IN"},
        }

        super().__init__()

    def close(self):
        self._driver.close()

    async def get_attributes_of_object(self, object_type: Text) ->
List[Text]:
        # transformer for query
        object_type = object_type.capitalize()

        result = self.do_get_attributes_of_object(object_type)

        return result
```

```python
    def do_get_attributes_of_object(self, object_type) ->
List[Text]:
        with self._driver.session() as session:
            result = session.write_transaction(
                self._do_get_attributes_of_object, object_type
            )

        result = result + list(self.relation_attributes
[object_type].keys())

        return result

    def _do_get_attributes_of_object(self, tx, object_type) ->
List[Text]:
        query = "MATCH (o:{object_type}) RETURN o LIMIT 1".format(
            object_type=object_type
        )
        print(query)
        result = tx.run(query,)

        record = result.single()

        if record:
            return list(record[0].keys())

        return []

    async def get_representation_attribute_of_object(self, object_
type: Text) -> Text:
        """
        Returns a lamdba function that takes the object and returns
a string
        representation of it.
        Args:
            object_type: the object type
        Returns: lamdba function
        """
        return self.representation_attribute[object_type]

    def do_get_objects(
        self,
```

```python
        object_type: Text,
        attributions: Dict[Text, Text],
        relations: Dict[Text, Text],
        limit: int,
    ):
        with self._driver.session() as session:
            result = session.write_transaction(
                self._do_get_objects, object_type, attributions,
relations, limit
            )

        return result

    def do_get_object(
        self,
        object_type: Text,
        object_identifier: Text,
        key_attribute: Text,
        representation_attribute: Text,
    ):
        with self._driver.session() as session:
            result = session.write_transaction(
                self._do_get_object,
                object_type,
                object_identifier,
                key_attribute,
                representation_attribute,
                self.relation_attributes[object_type],
            )

        return result

    @staticmethod
    def _do_get_objects(
        tx,
        object_type: Text,
        attributions: Dict[Text, Text],
        relations: Dict[Text, Text],
        limit: int,
    ):
```

```python
    print("<_do_get_objects>: ", object_type, attributions,
relations, limit)
    if not relations:
        # attr only, simple case
        query = "MATCH (o:{object_type} {attrs}) RETURN o LIMIT
{limit}".format(
            object_type=object_type,
            attrs=_dict_to_cypher(attributions),
            limit=limit,
        )
        print(query)
        result = tx.run(query,)

        return [dict(record["o"].items()) for record in result]
    else:
        basic_query = "MATCH (o:{object_type} {attrs})".format(
            object_type=object_type,
            attrs=_dict_to_cypher(attributions),
            limit=limit,
        )
        sub_queries = []
        for k, v in relations.items():
            sub_query = "MATCH (o)-[:{}]->({{name:
'{}'}})".format(k, v)

        where_clause = "WHERE EXISTS { " + sub_query + " }"
        for sub_query in sub_queries[1:]:
            where_clause = "WHERE EXISTS { " + sub_query + " " +
where_clause + " }"

        query = (
            basic_query + " " + where_clause + " RETURN o LIMIT
{}".format(limit)
        )

        print(query)
        result = tx.run(query,)

        return [dict(record["o"].items()) for record in result]

    @staticmethod
```

```python
def _do_get_object(
    tx,
    object_type: Text,
    object_identifier: Text,
    key_attribute: Text,
    representation_attribute: Text,
    relation: Dict[Text, Text],
):
    print("<_do_get_object>: ", object_type, object_identifier,
key_attribute, representation_attribute, relation)
    # preprocess attr value
    if object_identifier.isdigit():
        object_identifier = int(object_identifier)
    else:
        object_identifier = '"{}"'.format(object_identifier)

    # try match key first
    query = "MATCH (o:{object_type} {{{key}:{value}}}) RETURN o,
ID(o)".format(
        object_type=object_type, key=key_attribute, value=object_
identifier
    )
    print(query)
    result = tx.run(query,)
    record = result.single()

    if record:
        attr_dict = dict(record[0].items())
        oid = record[1]
    else:
        # try to match representation attribute
        query = "MATCH (o:{object_type} {{{key}:{value}}}) RETURN
o, ID(o)".format(
            object_type=object_type,
            key=representation_attribute,
            value=object_identifier,
        )
        print(query)
        result = tx.run(query,)
        record = result.single()
        if record:
```

```
            attr_dict = dict(record[0].items())
            oid = record[1]
        else:
            # finally, failed
            attr_dict = None

    if attr_dict is None:
        return None

    relation_attr = {}
    for k, v in relation.items():
        query = "MATCH (o)-[:{}]->(t) WHERE ID(o)={} RETURN
t.name".format(v, oid)
        print(query)
        result = tx.run(query)
        record = result.single()
        if record:
            attr = record[0]
        else:
            attr = None

        relation_attr[k] = attr

    return {**attr_dict, **relation_attr}

async def get_objects(
    self, object_type: Text, attributes: List[Dict[Text, Text]],
limit: int = 5
) -> List[Dict[Text, Any]]:
    """
    Query the knowledge base for objects of the given type.
Restrict the objects
    by the provided attributes, if any attributes are given.
    Args:
        object_type: the object type
        attributes: list of attributes
        limit: maximum number of objects to return
    Returns: list of objects
    """
    print("get_objects", object_type, attributes, limit)
```

```python
    # convert attributes to dict
    attrs = {}
    for a in attributes:
        attrs[a["name"]] = a["value"]

    # transformer for query
    object_type = object_type.capitalize()

    # split into attrs and relations
    attrs_filter = {}
    relations_filter = {}
    relation = self.relation_attributes[object_type]
    for k, v in attrs.items():
        if k in relation:
            relations_filter[relation[k]] = v
        else:
            attrs_filter[k] = v

    result = self.do_get_objects(object_type, attrs_filter,
relations_filter, limit)

    return result

async def get_object(
    self, object_type: Text, object_identifier: Text
) -> Dict[Text, Any]:
    """
    Returns the object of the given type that matches the given
object identifier.
    Args:
        object_type: the object type
        object_identifier: value of the key attribute or the
string
        representation of the object
    Returns: the object of interest
    """
    # transformer for query
    object_type = object_type.capitalize()

    result = self.do_get_object(
        object_type,
```

```
        object_identifier,
        await self.get_key_attribute_of_object(object_type),
        await self.get_representation_attribute_of_object
(object_type),
    )

    return result


if __name__ == "__main__":
    import asyncio

    kb = Neo4jKnowledgeBase("bolt://localhost:7687", "neo4j",
"43215678")
    loop = asyncio.get_event_loop()

    result = loop.run_until_complete(kb.get_objects("singer", [],
5))
    print(result)

    result = loop.run_until_complete(
        kb.get_objects("singer", [{"name": "name", "value": "周杰伦
"}], 5)
    )
    print(result)

    result = loop.run_until_complete(
        kb.get_objects(
            "song",
            [{"name": "name", "value": "晴天"}, {"name": "album",
"value": "叶惠美"}],
            5,
        )
    )
    print(result)

    result = loop.run_until_complete(kb.get_object("singer", "0"))
    print(result)

    result = loop.run_until_complete(kb.get_object("singer", "周杰伦
"))
```

```
print(result)

result = loop.run_until_complete(kb.get_object("song", "晴天"))
print(result)

result = loop.run_until_complete(kb.get_attributes_
of_object("singer"))
print(result)

result = loop.run_until_complete(kb.get_attributes_of_
object("song"))
print(result)

loop.close()
```

在代码中，if __name__ == "__main__": 以下的句子是简单的测试语句。将测试语句列出是为了帮助开发者理解知识库究竟是如何工作的，理解其中每个函数的工作原理。

Neo4jKnowledgeBase 的主体代码是使用 Neo4j 的 API 通过构建 Cypher 语法来查询数据库。如何使用 Neo4j 及 Cypher 语法不在本书的范围内，建议开发者阅读官方文档或相关专门书籍。

6.4.7.4　运行动作服务器

在默认情况下，我们的动作服务器会使用 InMemoryKnowledgeBase，需要通过环境变量的设置（USE_NEO4J=1）完成后端知识库的选择，完整命令如下。
```
USE_NEO4J=1 rasa run actions
```

6.5　小结

本章介绍了在 Rasa 中如何实现基于知识库的问答，以及知识库的工作过程和原理，同时通过自定义知识库的方式实现了基于 Neo4j 的音乐百科机器人。

第 7 章将介绍用于处理复杂实体识别的实体角色和分组。

在某些情况下，只知道实体的类型和值是无法完成任务的，需要在更细的粒度上区分实体的类型。

7.1　实体角色

Rasa 提供了实体角色（entities role）这一特性，用来区分相同实体的不同角色。例如，当订机票时，在没有区分出发地和目的地的情况下，后端无法区分"从北京到上海的机票"和"从上海到北京的机票"。这是因为在后端看来，只知道有两个类型为城市的实体，但并不清楚每个实体的语义角色（是"出发地"还是"目的地"）。在训练和预测时，需要提供如下类似的结果。

```
从[北京]{"entity": "city", "role": "departure"}到[上
海]{"entity":"city", "role":"destination"}的机票
```

以及

```
到[北京]{"entity":"city", "role":"destination"}的从[上海]{"entity":
"city", "role": "departure"}出发的机票
```

从上面的例子可以看出，通过使用角色信息，Rasa 可以将同为 city 类型的北京和上海区分成出发地和目的地这两种角色。这些角色信息可以在表单的词槽映射（slot mapping）中使用。

7.2 实体分组

有些情况会出现多组实体，每组实体描述一个子任务，这个时候就需要细分实体，从而将实体按照语义分组。例如，在订餐应用中，用户可能会定两份煎饼果子，一份是大份的煎饼果子加香菜，另一份是小份的煎饼果子加辣椒。因为用户的表达很灵活，如果无法将实体分组，那么后端无法确定两份煎饼果子的配置究竟是怎样的。Rasa 提供了实体分组（entities group）这一特性来解决这一问题。训练和预测的数据大体如下。

买煎饼果子，一份[大]{"entity": "size", "group": "1"}的加[香菜]{"entity": "garnish", "group": "1"}，一份[小]{"entity": "size", "group": "2"}的加[辣椒]{"entity": "garnish", "group": "2"}。

或者

买煎饼果子，一份[大]{"entity": "size", "group": "1"}的，一份[小]{"entity": "size", "group": "2"}的，前面的加[香菜]{"entity": "garnish", "group": "1"}，后面的加[辣椒]{"entity": "garnish", "group": "2"}。

当使用时，在动作中可以读取实体的分组情况，因此动作可以正确地处理多组请求在一起的情况。

7.3 组件支持情况

不是所有的 NER 组件都支持实体角色和分组，Rasa 目前只有 DIETClassifier 和 CRFEntityExtractor 支持该特性。当开发者需要使用该特性时，需要确保在流水线中有支持该特性的组件。

7.4 实战：订票机器人

在本节中，我们将会实现一个可以帮助用户订车票的订票机器人。

7.4.1 功能

7.4.1.1 基于实体和角色的实体识别

通过角色区分语义角色，如"订从上海到北京的票"将会被解析为"订从[上海]{"entity": "city", "role": "departure"}到[北京]{"entity": "city", "role": "destination"}
的票"。

上海和北京都是 city 实体，但有了角色信息的帮助，Rasa 就拥有足够的信息区
别出发地（"role": "departure"）和目的地（"role": "destination"）。

7.4.1.2　使用实体和角色信息正确地提取词槽

更改词槽的配置，让词槽可以利用角色信息对实体进行区分，这里提供了代码
示例。

```
slots:
  city_arrive:
    type: text
    influence_conversation: false
    mappings:
      - type: from_entity
        entity: city
        role: destination
      - type: from_entity
        entity: city
        intent: info_city
  city_depart:
    type: text
    influence_conversation: false
    mappings:
      - type: from_entity
        entity: city
        role: departure
      - type: from_entity
        entity: city
        intent: info_city
  date:
    type: text
    influence_conversation: false
    mappings:
      - type: from_entity
        entity: date
```

7.4.1.3　正确地处理词槽的角色归属

city 实体具有多个不同的角色。NLU 只考虑当前对话轮，在多轮对话中，有时

必须通过上下文才能区分 city 实体的角色。通过词槽映射，可以获得如下的效果。

示例 1：补充出发地。

用　户：订明天去北京的车票。

机器人：从哪里出发呢？

用　户：上海。

机器人：确定要购买明天从上海到北京的车票吗？

用　户：是的。

机器人：好的，正在为您购买车票！

机器人：订票成功。

示例 2：补充目的地。

用　户：订明天从上海出发的车票。

机器人：到哪里去呢？

用　户：北京。

机器人：确定要购买明天从上海到北京的车票吗？

用　户：是的。

机器人：好的，正在为您购买车票！

机器人：订票成功。

示例 3：补充出发地和目的地。

用　户：订明天出发的车票。

机器人：从哪里出发呢？

用　户：上海。

机器人：到哪里去呢？

用　户：北京。

机器人：确定要购买明天从上海到北京的车票吗？

用　户：是的。

机器人：好的，正在为您购买车票！

机器人：订票成功。

7.4.1.4 根据动作的执行结果，选择后续对话线路

在实际应用中，动作的执行结果是不确定的，如订车票，可能成功，也可能失

败。本项目将通过编写特定的故事来完成根据动作执行结果(也就是词槽 api_succeed 是 True 还是 False ），选择后续对话线路的功能。

在本项目中，为了演示这一功能，对于目的地为北京的订票任务，动作都将返回成功 (也就是 api_succeed = True)；对于目的地为其他城市的订票任务，动作都将返回失败 (也就是 api_succeed = False)。

示例 1：订票成功。

用　户：订明天从上海到北京的车票。

机器人：确定要购买明天从上海到北京的车票吗？

用　户：是的。

机器人：好的，正在为您购买车票！

```
<!-- 内部状态： api_succeed = True -->
```

机器人：订票成功。

示例 2：订票失败。

用　户：订明天从北京到上海的车票。

机器人：确定要购买明天从北京到上海的车票吗？

用　户：是的。

机器人：好的，正在为您购买车票！

```
<!-- 内部状态： api_succeed = False -->
```

机器人：购票 API 出现异常，购买失败，请稍后重试！

7.4.2　实现

遵循 Rasa 官方的项目目录布局，我们的项目目录布局如下。

```
.
├── config.yml
├── credentials.yml
├── data
│   ├── nlu.yml
│   ├── rules.yml
│   └── stories.yml
├── domain.yml
├── endpoints.yml
└── tests
    └── test_stories.yml
```

在本项目中，data/rules.yml 和 tests/test_stories.yml 文件内容为空。其余文件内容将逐一介绍。

7.4.2.1　data/nlu.yml

```
version: "3.0"
nlu:
  - intent: goodbye
    examples: |
      - 拜拜!
      - 再见!
      - 拜!
      - 退出。
      - 结束。
  - intent: greet
    examples: |
      - 你好!
      - 您好!
      - hello!
      - hi!
      - 喂!
      - 在么!
  - intent: affirm
    examples: |
      - 好。
      - 没问题。
      - 行。
      - OK。
      - 可以。
      - 是。
      - 是的。
  - intent: deny
    examples: |
      - 不要。
      - 不用。
      - 不需要。
      - 不。
      - NO。
      - 别。
  - intent: info_date
    examples: |
      - [明天](date)。
```

```
    - [今天](date)。
    - [晚上](date)。
    - [下午](date)。
  - intent: info_city
    examples: |
      - [上海](city)吧。
      - [上海](city)。
      - [北京](city)。
      - [南京](city)。
  - intent: book_ticket
    examples: |
      - 帮我订车票。
      - 帮我订一张车票。
      - 帮我订一张从[上海]{"entity": "city", "role": "departure"}出发的
车票。
      - 帮我订一张从[上海]{"entity": "city", "role": "departure"}到[北
京]{"entity": "city", "role": "destination"}的车票。
      - 帮我订一张[明天](date)从[上海]{"entity": "city", "role":
"departure"}到[北京]{"entity": "city", "role": "destination"}的车票。
      - 帮我订一张[明天](date)从[上海]{"entity": "city", "role":
"departure"}到[北京]{"entity": "city", "role": "destination"}的车票。
      - 帮我订一张[明天](date)从[北京]{"entity": "city", "role":
"departure"}到[上海]{"entity": "city", "role": "destination"}的车票。
      - 帮我订一张[明天](date)的车票。
      - 帮我订一张去[北京]{"entity": "city", "role": "destination"}的车票。
      - 帮我订张去[北京]{"entity": "city", "role": "destination"}的车票。
      - 帮我订张从[上海]{"entity": "city", "role": "departure"}出发的车票。
      - 帮我订张到[北京]{"entity": "city", "role": "destination"}的车票。
  - synonym: 下星期一
    examples: |
      - 下星期一。
  - synonym: 今天
    examples: |
      - 早上。
      - 中午。
      - 晚上。
      - 下午。
      - 傍晚。
      - 今天。
  - synonym: 明天
    examples: |
```

```
        - 明天。
  - synonym: 北京
    examples: |
        - 首都。
  - synonym: 上海
    examples: |
        - 魔都。
```

7.4.2.2　data/stories.yml

```
version: "3.0"
stories:
  - story: greet
    steps:
      - intent: greet
      - action: utter_greet
  - story: say goodbye
    steps:
      - intent: goodbye
      - action: utter_goodbye
  - story: form
    steps:
      - intent: book_ticket
      - action: ticket_form
      - active_loop: ticket_form
      - intent: deny
      - action: utter_ask_confirm_then_no
  - story: buy ticket successed
    steps:
      - intent: book_ticket
      - action: ticket_form
      - active_loop: ticket_form
      - intent: affirm
      - action: utter_ask_confirm_then_yes
      - action: action_buy_ticket
      - slot_was_set:
          - api_succeed: true
      - action: utter_api_succeed_true
  - story: buy ticket failed
    steps:
      - intent: book_ticket
      - action: ticket_form
```

```
        - active_loop: ticket_form
        - intent: affirm
        - action: utter_ask_confirm_then_yes
        - action: action_buy_ticket
        - slot_was_set:
            - api_succeed: false
        - action: utter_api_succeed_false
rules:
 - rule: Submit form
   condition:
      # Condition that form is active.
      - active_loop: ticket_form
   steps:
      - action: ticket_form
      - active_loop: null
      - slot_was_set:
          - requested_slot: null
      # The action we want to run when the form is submitted.
      - action: action_ticket_form_submit
   wait_for_user_input: true
```

7.4.2.3　data/cites.yml

```
version: "3.0"
nlu:
 - lookup: cities
   examples: |
      - 江宁区
      - 常德市西洞庭管理区
      - 常德市津市
      - 桂阳县
      ...
```

7.4.2.4　domain.yml

```
version: "3.0"
session_config:
  session_expiration_time: 0
  carry_over_slots_to_new_session: true
intents:
  - greet
  - goodbye
  - affirm
```

```
  - deny
  - book_ticket:
      use_entities: [ ]
  - info_city
  - info_date
entities:
 - city
 - date
slots:
  api_succeed:
    type: bool
    influence_conversation: true
    mappings:
    - type: custom
  city_arrive:
    type: text
    influence_conversation: false
    mappings:
      - type: from_entity
        entity: city
        role: destination
      - type: from_entity
        entity: city
        intent: info_city
  city_depart:
    type: text
    influence_conversation: false
    mappings:
      - type: from_entity
        entity: city
        role: departure
      - type: from_entity
        entity: city
        intent: info_city
  date:
    type: text
    influence_conversation: false
    mappings:
      - type: from_entity
        entity: date
  utter_greet:
```

```
  - text: 您好，欢迎使用 Silly 订票系统。
utter_goodbye:
  - text: 再见!
utter_ask_city_depart:
  - text: 从哪里出发呢?
utter_ask_city_arrive:
  - text: 到哪里去呢?
utter_ask_date:
  - text: 什么时候出发?
utter_ask_confirm:
  - text: 确定要购买{date}从{city_depart}到{city_arrive}的车票吗?
utter_ask_confirm_then_no:
  - text: 好的!
utter_ask_confirm_then_yes:
  - text: 好的，正在为您购买车票!
utter_api_succeed_true:
  - text: 订票成功。
utter_api_succeed_false:
  - text: 购票 API 出现异常，购买失败，请稍后重试!
actions:
  - action_buy_ticket
  - action_ticket_form_submit
  - utter_greet
  - utter_goodbye
  - utter_ask_confirm
  - utter_ask_confirm_then_no
  - utter_ask_confirm_then_yes
  - utter_api_succeed_true
  - utter_api_succeed_false
forms:
  ticket_form:
    required_slots:
      - city_arrive
      - city_depart
      - date
```

7.4.2.5　config.yml

```
recipe: default.v1
language: zh
pipeline:
  - name: JiebaTokenizer
```

```
  - name: LanguageModelFeaturizer
    model_name: bert
    model_weights: bert-base-chinese
  - name: RegexFeaturizer
  - name: DIETClassifier
    epochs: 200
    tensorboard_log_directory: ./tensorboard_log
  - name: ResponseSelector
  - name: EntitySynonymMapper
policies:
  - name: MemoizationPolicy
  - name: TEDPolicy
    epochs: 200
  - name: RulePolicy
```

7.4.2.6 endpoints.yml

```
action_endpoint:
  url: "http://localhost:5055/webhook"
```

7.4.2.7 credentials.yml

```
action_endpoint:
  url: "http://localhost:5055/webhook"
```

7.4.2.8 actions/actions.py

```python
from typing import Any, Text, Dict, List

from rasa_sdk import Tracker, Action
from rasa_sdk.events import SlotSet
from rasa_sdk.executor import CollectingDispatcher
from rasa_sdk.forms import FormAction, REQUESTED_SLOT


class TicketFormAction(FormAction):
    def name(self) -> Text:
        return "action_ticket_form_submit"

    def run(
        self, dispatch: CollectingDispatcher, tracker: Tracker,
domain: Dict[Text, Any]
    ) -> List[Dict]:
        # don't using template alone,
```

```
        # since the system tracker is not updated yet when render
the template,
        # using current tracker instead
        dispatch.utter_message(template="utter_ask_confirm",
**tracker.slots)
        return []


class ActionBuyTicket(Action):
    def name(self) -> Text:
        return "action_buy_ticket"

    def run(
        self,
        dispatcher: CollectingDispatcher,
        tracker: Tracker,
        domain: Dict[Text, Any],
    ) -> List[Dict[Text, Any]]:

        arrive = tracker.get_slot("city_arrive")

        api_succeed = arrive == "北京"

        return [SlotSet("api_succeed", api_succeed)]
```

7.4.3　客户端/服务器

本项目所使用的客户端/服务器和第 5 章的天气预报机器人项目中的完全一致，具体代码和说明请参考第 5 章，这里不再重复。

7.4.4　运行 Rasa 服务器

```
rasa run --cors "*"
```

客户端和 Rasa 服务器存在跨域（Cross-Origin Resource Sharing，CORS）问题，需要通过设置--cors "*"来解决。

7.4.5　运行动作服务器

执行如下命令。

```
rasa run actions
```

7.4.6 运行网页客户端

```
python -m http.server
```

上述代码将会在本地的 8000 端口启动一个基于 HTTP 的服务器，在浏览器中访问，单击界面右下角的蓝色对话按钮，就可以和机器人对话了。

7.5 小结

本章主要介绍了实体角色和实体分组，它们可用于处理复杂实体识别的场景，在某些场景中（如车票订购）具有非常重要的功能。

第 8 章将介绍如何测试及在生产环境中部署 Rasa 应用。

测试和生产环境部署

在软件开发过程中，测试和部署是非常重要的组成部分。测试可以发现程序错误，衡量软件质量，并评估程序是否满足设计要求。面向消费者的软件在部署上面临一系列的困难，如版本管理、负载均衡、服务扩展等。本章将介绍如何测试及部署 Rasa 应用。

8.1 如何测试机器人的表现

8.1.1 对 NLU 和故事数据进行校验

开发者可以利用 Rasa 自带的工具对领域、NLU 训练数据和故事进行验证，从而发现其中可能的错误及不一致的地方。在执行训练命令前进行数据校验可以提前发现这些错误，避免训练很久以后才报错的情况，从而可以提高开发效率。Rasa 提供了专门的命令来帮助开发者快速地进行校验。只需要执行以下命令。

```
rasa data validate
```

建议开发者在每次更改数据和配置后都执行这样的检查，可以最大程度地提前发现潜在问题。

8.1.2 编写测试用的故事

如何才能确保我们的机器人按照预期的方式和用户对话？从软件工程的角度来说，需要进行测试。测试是一个正式的产品上线前的必要环节。随着产品的不断迭代，功能的不断增加，测试越发重要，因为新引入的 NLU 数据和故事可能会破坏上一版本中原本正常的功能，而这一问题很难察觉。针对这一需求，Rasa 提供了一个端到端的测试框架，开发者使用测试故事（test story）格式（由原有的故事格式扩展而来）可以将用户的输入和期望的结果编写成测试用例，从而让 Rasa 测试框架自动进行测试。

测试故事和普通故事的重要区别是测试故事包含输入文本（可以是文本列表）。测试故事 NLU 和对话模型进行端到端测试，因此必须包含对 NLU 模型评估必不可少的输入文本。以下代码显示了一些测试故事。

```
stories:
- story: A basic story test
  steps:
  - user: |
      你好!
    intent: greet
  - action: utter_ask_howcanhelp
  - user: |
     帮我找[中国]{"entity": "cuisine"}餐馆。
    intent: inform
  - action: utter_ask_location
  - user: |
      在[上海]{"entity": "location"}。
    intent: inform
  - action: utter_ask_price
```

为了让大家更直观地看到测试故事和普通故事的格式区别，这里列出一些普通故事。

```
stories:
  - story: This is the description of one story
    steps:
    - intent: greet
    - action: action_ask_howcanhelp
    - slot_was_set:
        - asked_for_help: true
    - intent: inform
      entities:
        - location: "New York"
        - price: "cheap"
    - action: action_on_it
    - action: action_ask_cuisine
```

```
  - intent: inform
    entityies:
      - cuisine: "Italian"
  - action: restaurant_form
  - active_loop: restaurant_form
```

测试故事和普通故事有两个区别：不同的实体表示格式和仅存在于测试故事中的输入文本。在测试故事中，实体列表和输入文本进行整合（如帮我找[中国]{"entity":"cuisine"}餐馆。），这样可以准确表示实体，方便进行 NLU 模型的评估。

8.1.3　评估 NLU 模型

虽然测试故事能够在测试整个对话的过程中覆盖 NLU 模型的测试，但编写成本非常高，因此无法拥有大量测试用例和较大的测试覆盖面。针对 NLU 模型的测试，我们可以使用 Rasa 自带的 NLU 测试功能。通常，测试用的 NLU 数据和训练用的 NLU 数据来自同一批数据，经过分割而成。在 Rasa 中可以使用以下命令对数据集进行分割。

```
rasa data split nlu
```

上述命令会读取位于 data 目录下的 NLU 数据（可以使用--nlu 参数更改），使用 80%（可以使用--training-fraction 更改比例）的数据作为训练数据，其余数据作为测试数据。新生成的训练数据和测试数据会保存在 train_test_split 目录中（可以使用--out 参数更改）。也就是说，在默认情况下，新训练数据将位于 train_test_split/training_data.yml，新测试数据将位于 train_test_split/test_data.yml。

假设现在我们的模型已经训练完毕，那么可以使用以下命令来完成 NLU 模型的测试。

```
rasa test nlu --nlu train_test_split/test_data.yml
```

在命令完成后，开发者可以在 results 目录中找到所有测试结果文件。不同的 NLU 管道可以有不同的结果文件，但至少会包含两个文件：intent_errors.json 和 intent_report.json。

intent_errors.json 会报告测试数据中所有失败的 NLU 样本。下面是一个示例报告。

```
[
  {
    "text": "订[明天](date-time)的车票",
    "intent": "book_ticket",
```

```
  "intent_prediction": {
    "name": "weather",
    "confidence": 0.9606658220291138
  }
},
<-- 此处省略了其他类似的条目-->
]
```

在上述示例报告中，输入文本为"订[明天](date-time)的车票"，真实意图为"book_ticket"，但我们的模型将其预测为意图"weather"，置信度为0.9606658220291138。

intent_report.json 文件用于报告评估指标。下面是一个示例报告。

```
{
  "goodbye": {
    "precision": 1.0,
    "recall": 1.0,
    "f1-score": 1.0,
    "support": 1,
    "confused_with": {}
  },
<--此处省略了其他类似的条目-->
  "accuracy": 0.9615384615384616,
  "macro avg": {
    "precision": 0.9894736842105264,
    "recall": 0.9333333333333332,
    "f1-score": 0.9545945945945945,
    "support": 26
  },
  "weighted avg": {
    "precision": 0.9635627530364371,
    "recall": 0.9615384615384616,
    "f1-score": 0.9582120582120582,
    "support": 26
  }
}
```

这个示例报告多方面展示了模型评估的情况，既包含关于某个意图（如上例中的 goodbye 意图）的指标，又包含综合性的指标（如 accuracy 等）。

8.1.4　评估对话管理模型

在 Rasa 中评估对话管理模型的性能很容易，那就是使用命令行工具。

```
rasa test core --stories test_stories.yml --out results
```

在上述命令中，test_stories.yml 是包含测试故事的文件。测试报告将输出到 results 目录中。所有失败的故事都会输出到文件 results/failed_test_stories.yml 中。

8.2　在生产环境中部署机器人

8.2.1　部署时间

在产品研发过程中有一个著名的最小可行性产品（Minimum Viable Product，MVP）策略。该策略强调用最快、最简明的方式建立一个满足关键需求的可用的产品原型，随后通过迭代来完善细节。在 Rasa 中，官方建议，当产品能够处理最重要的（而不是全部）"Happy Path"（没有异常或错误情况）的时候就可以将产品作为 MVP 进行发布。Rasa 推荐在产品研发的早期使用 Rasa X 来给种子用户（热心用户）测试，不断改善模型，直至达到 MVP 标准，此时就可以开始部署生产环境了。

8.2.2　选择模型存储方式

在单机情况下，我们将模型存储在本地的硬盘中，但在实际大规模部署中，训练过程和服务过程是分离的，训练好的模型会放到中心化的存储系统中，服务程序会在需要时（按需请求）把模型拉取到本地并自动部署。这个时候就需要使用 Rasa 的模型存储功能了。Rasa 支持多种动态模型存储的方案。

8.2.2.1　基于 HTTP 的模型存储

Rasa 支持 Rasa 服务器在指定的 HTTP 服务器中周期性地检查，如果有新模型，则下载并部署。这些需要在 endpoint.yml 中进行指定。

```
models:
 url: http://my-server.com/models/default@latest
 wait_time_between_pulls: 10  # 默认值为 100，单位是 s
```

在默认情况下，Rasa 服务器会每 100s 尝试从 HTTP 服务器获取新模型文件（zip 格式的压缩模型）。开发者可以将时间值设置成更为合适的值或 None（表示只获取一次）。为了能够在不下载模型文件的前提下判断模型是否更新，Rasa 会根据 HTTP

服务器的 ETag 信息来确定。常见的 HTTP 服务器（如 Apache 和 Nginx）都能在合适的配置下给出 ETag 头（header）。

8.2.2.2　基于云的模型存储

Rasa 支持从 Amazon 的简易存储服务（Simple Storage Service，S3）、Google 云存储（Google Cloud Storage，GCS）和 Azure 云存储（Azure Storage）中拉取模型。因为 S3 协议得到了 Ceph 等众多分布式存储系统或在线服务提供商的支持，所以应用范围最为广泛。限于篇幅，这里只介绍 S3 存储的配置。

8.2.2.3　安装依赖

使用前请安装 S3 的客户端。

```
pip install boto3
```

8.2.2.4　配置

具体的 S3 连接信息，需要通过如下环境变量传递给服务器。

- AWS_SECRET_ACCESS_KEY。
- AWS_ACCESS_KEY_ID。
- AWS_DEFAULT_REGION。
- BUCKET_NAME（如果名字为 BUCKET_NAME 的 bucket 不存在，则 Rasa 会主动创建一个）。
- AWS_ENDPOINT_URL。

8.2.2.5　启动

在使用 rasa shell、rasa run 和 rasa x 命令的时候，开发者可以通过--remote-storage aws 来设定从 S3 来拉取模型。Rasa 会从云存储服务中下载压缩后的模型文件，随后解压缩到临时目录，在临时目录中开始启动服务。

8.2.3　选择 tracker store

Rasa 中所有的对话过程都要被 tracker 对象存储起来。在实际的大规模工业生产环境中，需要大量使用负载均衡和动态扩缩容等技术。前后两条同一用户的消息很有可能会发送到不同的服务器进行处理。这个时候就需要将用户的对话历史存储在所有服务器都能访问的地方，当用户请求到达服务器时，通过存储服务将该用户的对话过程下载回来。当用户请求结束时自动将用户对话过程存储在存储服务中，当下一次用户到达服务器（可能是不同的服务器实例）时自动将用户对话过程还原到系统中。这样的组件在 Rasa 体系中称为 tracker store。Rasa 提供了丰富的开箱即用的 tracker store。

8.2.3.1　InMemoryTrackerStore

InMemoryTrackerStore 组件是 Rasa 默认的 tracker store，直接使用内存作为存储介质，重启服务器将会导致数据完全丢失。该组件不能在多个服务器间共享，所以这种方案是默认的单机 tracker 存储方案。

8.2.3.2　SQLTrackerStore

SQLTrackerStore 组件将 tracker 存储在 SQL 数据库中。下面是一个示例配置。

```
tracker_store:
  type: SQL
  dialect: "postgresql"
  url: "url.to.your.db"
  db: "dabase_name"
  username: "user_name"
  password: "password"
```

8.2.3.3　RedisTrackerStore

RedisTrackerStore 组件使用 redis 来完成 tracker 的存储。下面是一个示例配置。

```
tracker_store:
  type: redis
  url: "url.to.your.redis"
  port: ""
  db: ""
  password: ""
  use_ssl: ""
```

8.2.3.4　MongoTrackerStore

MongoTrackerStore 组件使用 mongodb 来存储 tracker。下面是一个示例配置。

```
tracker_store:
  type: mongodb
  url: "url.to.your.db"
  db: ""
  username: ""
```

```
password: ""
auth_source: ""
```

8.2.3.5 DynamoTrackerStore

DynamoTrackerStore 组件使用 dynamodb（Amazon 专属的 NoSQL 数据库服务）来存储 tracker。下面是一个示例配置。

```
tracker_store:
  type: dynamodb
  tablename: ""
  region: ""
```

8.2.3.6 自定义 tracker store

如果开发者所需要的 tracker store 并没有被提供，则 Rasa 允许开发者使用自定义的 tracker store。开发者可以通过继承 tracker store 的方式来完成新存储方案的实现，关于如何自定义请参考官方文档。

8.2.4 选择 lock store

前面已经提到过，在实际的大规模工业生产环境中，需要使用负载均衡和动态扩缩容等技术。用户消息很有可能会发送到不同的服务器进行处理，因此可能会存在消息处理顺序错乱的情况。为了解决这一问题，Rasa 引入了 lock store：一种分布式的锁。lock store 通过锁定处理顺序，确保消息按照正确的顺序处理。

8.2.4.1 InMemoryLockStore

InMemoryLockStore 是默认的 lock store 实现，在单个进程时会发挥作用。值得说明的是，在同时运行多个 Rasa 服务器（无论是单机还是多机）的情况下，该 lock store 没有效果。

8.2.4.2 RedisLockStore

RedisLockStore 使用 redis 作为存储后端，能够处理多机多进程的各种情况。配置示例如下。

```
lock_store:
  type: "redis"
  url: ""
  port: ""
```

```
password: ""
db: ""
```

8.2.5 单机高并发设置

在默认情况下，Rasa 服务器只使用 1 个 worker。只有将环境变量 SANIC_WORKERS 的值设置为 1 以上，同时当 locker store 的设置不是 InMemoryLockStore 时才可以启用多个 worker。

在默认情况下，Rasa 动作服务器也只使用 1 个 worker。将环境变量 ACTION_SERVER_SANIC_WORKERS 的值设置为 1 以上就可以启动多个 worker。

8.3 实战：单机部署高性能 Rasa 服务

这里以第 5 章介绍的天气预报机器人为例，详细说明如何单机部署高性能 Rasa 服务。

8.2 节提到了在生产环境中部署机器人需要考虑的 4 个点：选择模型存储方式、选择 tracker store、选择 lock store 和单机高并发设置。由于本项目是单机部署的，因此不需要进行模型存储方式的设置。下面我们将主要讨论剩下的 3 个如何进行设置。

8.3.1 架设 redis 服务器

本项目选择 redis 作为 tracker store 和 lock store 背后的数据库。架设 redis 服务器简单和通用的方法是使用 docker。开发者需要先在计算机上安装好 docker，再利用以下的命令拉取 redis 的 docker 镜像。

```
docker pull redis:6.2.5
```

接着，使用以下命令启动一个 redis 服务器。

```
docker run --rm -p 6379:6379 --name docker-redis redis:6.2.5
```

该 redis 服务器将监听 6379 端口，访问口令为空。

8.3.2 使用 redis 作为 tracker store

通过配置 endpoints.yml，将 redis 设置为 tracker store，具体配置内容如下。

```
tracker_store:
    type: redis
    url: localhost
```

```
    port: 6379
    db: 1
password:
```

8.3.3 使用 redis 作为 lock store

通过配置 endpoints.yml，将 redis 设置为 lock store，具体配置内容如下。

```
lock_store:
    type: "redis"
    url: localhost
    port: 6379
    password:
    db: 0
    key_prefix: rasa
```

8.3.4 单机高并发设置

使用以下命令可以让 Rasa 服务器使用 5 个 worker。

```
SANIC_WORKERS=5 rasa run
```

为了尽可能地利用计算机的性能，用户可以将 SANIC_WORKERS 设为 CPU 核心数。

类似地，使用以下命令可以让 Rasa 动作使用 5 个 worker。

```
ACTION_SERVER_SANIC_WORKERS=5 rasa run actions
```

8.3.5 性能测试

为了测试性能，我们需要连接 Rasa 进行对话处理。连接 Rasa 的简单方法是利用 REST 接口。通过配置 credentials.yml，我们开启 REST 接口，具体配置内容如下。

```
rest:
#  # 不需要提供任何设置
```

通过向 Rasa 服务器的/webhooks/rest/webhook 地址发送 POST 请求，可以向 Rasa 应用发送请求。下面是一个示例的 POST 请求内容。

```
{
    "sender": "user_id",
    "message": "你好"
}
```

在知道如何发送用户请求后，我们可以使用 JMeter 等测试工具对 Rasa 应用的吞吐量和响应时间进行测量。我们对比了默认情况下启动的 Rasa 服务器和自己配置的高性能 Rasa 服务器。在作者的计算机上，经过配置的 Rasa 服务器相比默认的 Rasa 服务器能够在响应时间减少近一半的基础上实现吞吐量增加一倍，可以说效果非常明显。

8.4　小结

本章介绍了何时及如何在生产环境中部署 Rasa 应用。Rasa 提供的远程模型存储方案可以有效地将模型训练和模型推理分开，从而可以实现更加灵活的应用架构设计。使用 tracker store 和 lock store 保证了服务的无状态性和顺序性，Rasa 能够具有大规模并发的服务能力。在单机方面，通过正确地设置 worker 数量，我们可以大大提高在单机上 Rasa 的并发能力。综合使用以上多种策略，我们可以获得一个扩展能力强、高并发且灵活的应用架构。

在第 9 章中，我们将深入 Rasa 内部，讨论其工作原理并研究其扩展性。

Rasa 的工作原理与扩展性

在本章中，我们将介绍 Rasa 背后的工作原理。我们将讨论 Rasa 是如何进行训练的，以及如何启动服务器对用户消息进行推理的。这对于读者理解如何调试 Rasa 应用程序是十分必要的。

我们还将学习如何扩展 Rasa。读者将通过详细的例子，学会如何创建和使用自定义组件。这将帮助读者创建高度自定义或复杂的聊天机器人应用。

9.1　Rasa 的工作原理

在 Rasa 3.0 中，Rasa NLU 和 Rasa Core 不再是界限清晰的 2 个部分。NLU 部分和 Core 部分都作为有向无环图（Directed Acyclic Graph，DAG）计算的一部分进行了编排（orchestration）。也就是说，所有的计算过程（也就是组件）都作为图的节点，而计算过程之间的相互依赖关系（如特征提取节点依赖于分词节点）都是通过有向边表示的。所有的计算过程和依赖关系的集合就构成了一个有向无环图。图 9-1 所示为一个简单的有向无环图。

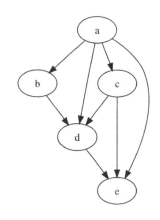

图 9-1　一个简单的有向无环图

图计算引擎会在有向无环图的指导下，正确且高效地完成所有的计算，继而得到结果。无论是训练还是预测全部使用这一套基于有向无环图的计算机制。在训练和预测时使用的是 2 个不同的有向无环图。下面将按照组件的 2 个不同阶段（训练阶段和推理阶段）介绍组件的工作原理。

9.1.1　训练阶段

模型的训练在 Rasa 源代码中是由 rasa.model_training.train() 函数完成的。这个函数通过调用其他代码来完成训练。从逻辑上说，训练阶段主要有以下 3 个步骤。

（1）从配置文件和参数中构造有向无环图。

（2）运行有向无环图，这是模型实际进行训练和持久化的过程。

（3）将元数据连同（通过持久化过程形成的）组件文件打包成模型。

以下将分别介绍这 3 个步骤。

9.1.1.1　构造有向无环图

这一步骤的主要功能是根据配置文件（config.yml）和参数（通过调用 train 命令时的命令行指定）来构建实际训练时需要执行的有向无环图。构造有向无环图的过程涉及多个类的逐层抽象和转换，总体流程比较复杂。在这些代码中，核心代码位于 **rasa.engine.recipes.default_recipe.DefaultV1Recipe.graph_config_for_recipe()** 方法中。这个方法的输入是配置信息。这个配置信息是通过读取配置文件进而转换得到的。这个方法的输出是图的配置信息。这个配置信息包含了图中所有节点的定义、Rasa NLU 的输出目标和 Rasa Core 的输出目标。节点的定义包含了节点对应的组件信息、组件的入口方法和该组件对其他组件的依赖关系。在 Rasa 中，训练过程和推理过程使用的是 2 个不同的有向无环图。在进行训练用的有向无环图的构造的同时，Rasa 会构造对应的推理用的有向无环图。推理用的有向无环图将作为元信息的一部分写入模型包，这样推理时就可以知道所需的计算过程了。

9.1.1.2　运行有向无环图

这一步骤的主要功能是在构造的有向无环图的指导下，按照合理的顺序执行图中每个节点代表的计算过程。由于这些计算过程其实就是执行模型的训练和持久化，因此运行有向无环图的过程就是模型训练和持久化的过程。这一步骤的核心代码位于 rasa.engine.runner.dask.DaskGraphRunner.run() 方法中。这个方法的输入是有向无环图，输出是目标的值，也就是我们想要得到的结果。在运行有向无环图的时候会逐一调用每个节点。每个节点的运行实际上是调用节点所储存的组件的对应方法，这个对应的方法会完成对应的功能。这些功能通常是载入资源、训练和进行推理。在载入资源和训练功能中需要组件完成组件的序列化，这样就可以将组件的配置和资源文件写入磁盘以供推理时使用。

9.1.1.3　打包模型

这一步骤的主要功能是将运行有向无环图过程中生成的产物写入目录，从而创建 Rasa 模型文件。这一步骤的核心代码位于 rasa.engine.storage.local_model_storage. LocalModelStorage.create_model_package()方法中。首先将各个组件序列化后的资源文件和配置文件拷贝进工作目录，并将包含模型训练和推理的 2 个有向无环图的元信息序列化成文件，然后拷贝进工作目录，最后将工作目录压缩成单一文件，这就是 Rasa 模型文件。

9.1.2　推理阶段

推理阶段的工作是在 rasa.core.run.serve_application()函数中完成的。从逻辑上说，推理阶段主要有以下 3 个步骤。

（1）建立 connector，对外提供访问接口。

（2）从磁盘载入模型（有向无环图）。

（3）处理用户消息。

下面将详细介绍这 3 个步骤。

9.1.2.1　建立 connector

之前我们已经介绍过，connector 是 Rasa 对外提供服务的一种接口机制。用户的客户端（如网页客户端、Facebook Message 和 Google Hangout）通过和 connector 通信从而实现和 Rasa 机器人进行沟通。

Rasa 服务器（推理功能）是基于 Sanic 的。Sanic 是一款高性能异步 Web 框架。在架构设计上，Sanic 框架类似于被广泛使用的 Flask 框架，同样具有强大的扩展能力。在 Rasa 中几乎所有的 connector 都是基于 Sanic 的扩展能力的。每个 connector 都是可以插拔的 Sanic 扩展。Rasa 按照配置（也就是 credentials.yml 文件）在启动服务器时载入这些 connector。载入 connector 的核心代码在 rasa.core.run.create_http_ input_channels()函数中。当服务器启动后，所有的 connector 就可以对外通信了。

9.1.2.2　载入模型

在进行推理前，Rasa 服务器必须将训练的模型从磁盘上载入。Rasa 模型实际上是以有向无环图的形式组织的。在前面的内容中，我们介绍过这个有向无环图就是训练时生成的推理用的有向无环图。Rasa 将从模型的元信息中还原这个有向无环图。载入有向无环图的核心代码位于 rasa.engine.loader.load_predict_graph_runner()函数中。

9.1.2.3　处理用户消息

当用户通过客户端向 Rasa 的 connector 发送消息的时候，Rasa 会处理用户消息并返回响应消息给客户端。处理用户消息的核心代码位于 rasa.core.agent.Agent.handle_message()方法中。从逻辑上说，这个处理过程可以区分为 2 个阶段：第一个阶段是自然语言理解（NLU），也就是从用户的消息中提取意图和实体；第二个阶段是对话管理（DM），这部分是 Rasa Core 负责的部分，这个阶段 Rasa 会根据上下文选择合适的动作进行执行。Rasa NLU 的主要工作在 rasa.core.processor.MessageProcessor.log_message()方法中进行。这个方法会运行推理用的有向无环图，从而得到 NLU 的结果。这些 NLU 结果会更新 tracker 的状态，随后按照词槽（slot）的映射（mapping）配置更新 slot 的值，并更新 tracker 的状态。这一过程是由 rasa.core.processor.MessageProcessor.run_action_extract_slots()方法实现的。最后 Core 把 tracker 的状态作为输入，通过运行有向无环图预测下一步要执行的动作并执行这一动作。动作的执行可能会带来新的 tracker 状态，因此"预测-执行"的过程可能会循环多次，直到满足停止条件。这一过程的核心代码在 rasa.core.processor.MessageProcessor._run_prediction_loop()方法中。

9.2　Rasa 的扩展性

前面提到 Rasa 的扩展性非常好，除可以使用内置的各种功能外，还可以无缝地使用第三方实现的功能。

9.2.1　如何使用自定义 NLU 组件和自定义策略

在 Rasa 中自定义 NLU 组件和自定义策略的使用方式完全一致。但在绝大部分情况下，开发者并不需要使用自定义策略，因此这里将重点介绍如何使用自定义 NLU

组件。

在 Rasa 流水线配置中，我们可以直接给出内置组件的名字作为组件的名字，正如前面章节所介绍的那样，一个示例如下。

```
pipeline:
  - name: "nlp_mitie"
    model: "data/total_word_feature_extractor.dat"
  - name: "tokenizer_mitie"
  - name: "ner_mitie"
  - name: "ner_synonyms"
  - name: "intent_entity_featurizer_regex"
  - name: "intent_classifier_mitie"
```

配置中的 nlp_mitie、tokenizer_mitie 等都是内置组件的名字。

得益于 Python 强大的灵活性，Rasa 支持动态载入其他包的组件。例如，用户有一个自定义的组件类叫 SillyNLP，其功能和现有的 nlp_mitie 一样，这个类继承并实现了自定义组件的方法。该类位于 somepackge 包的 this_model 模块内。用户可以在流水线配置中原本出现组件名的地方，用这个类的全局名字（fully qualified name）替换。例如，这个类的全局名字是 somepackage.this_model.SillyNLP，因此用这个类替换 nlp_mitie 后，配置文件就应该这样写，如下。

```
pipeline:
  - name: "somepackage.this_model.SillyNLP"
    model: "data/total_word_feature_extractor.dat"
  - name: "tokenizer_mitie"
  - name: "ner_mitie"
  - name: "ner_synonyms"
  - name: "intent_entity_featurizer_regex"
  - name: "intent_classifier_mitie"
```

上述配置文件体现出外部组件和内部组件都是可以接收任意的配置参数的。在本例中，model: "data/total_word_feature_extractor.dat"会被传递给 somepackage.this_model.SillyNLP。

9.2.2 如何自定义一个 NLU 组件或策略

因为 NLU 组件和策略都需要在有向无环图中作为节点使用，因此在 Rasa 中它们都属于图组件（graph components）。要在 Rasa 中自定义图组件，必须满足以下要求。

- 实现 GraphComponent 接口。
- 进行组件注册。
- 使用类型注解（type annotation / type hint）。

为了让组件实现 GraphComponent 接口，组件必须继承自 GraphComponent 类（全路径名为 rasa.engine.graph.GraphComponent）。在具体实现时，可以不直接继承 GraphComponent，而通过继承 GraphComponent 的子类（如 Tokenizer 子类）的方式来完成间接继承。这些子类通常都为特定类型的任务封装了很多功能，能大大地简化自定义组件的实现过程。本节我们将实现的自定义分词器组件将继承自 Tokenizer 子类。

每个组件都需要进行注册。注册是为了让 Rasa 系统了解组件的一些特性，如组件的类型、组件是否需要训练等。这些信息将会决定在构造有向无环图时如何处理这个组件。

组件接口必须使用类型注解。Rasa 利用类型注解来验证模型的配置是否有效。值得提醒的是，在进行类型注解时，前向引用（forward reference）是不允许使用的。在 Python 3.7 中，我们可以使用 from __future__ import annotations 来解决这一问题。

9.2.3　自定义词槽类型

在内置的词槽类型满足不了需求的情况下，可自定义词槽类型。定义一个词槽类型的重要步骤是将本词槽转换为 Rasa 系统可用的特性（机器学习的特性）。开发者需要继承词槽基类，随后重写（override）计算特征数量和计算特征值的方法。

例如，餐厅的订单系统根据用餐人数给用户安排小桌、大桌，或者人数太多无法安排。假设该餐厅规定：4 人及以下是小桌，4 人以上 8 人以下（包含 8 人）是大桌，超过 8 人无法安排。系统需要根据用户的座位安排情况执行不同的动作。这时我们可以定义如下的词槽类型。

```python
from rasa.core.slots import Slot

class NumberOfPeopleSlot(Slot):

    def feature_dimensionality(self):
        return 3

    def as_feature(self):
        r = [0.0] * self.feature_dimensionality()
```

```
if self.value:
    if self.value <= 4:
        r[0] = 1.0
    elif self.value <= 8:
        r[1] = 1.0
    else:
        r[2] = 1.0
return r
```

在上述词槽类型中，当用户没有给出人数时，词槽被转换成(0,0,0)；当用户给出小桌适配的人数时，词槽被转换成(1,0,0)；当用户给出大桌适配的人数时，词槽被转换成(0,1,0)；当用户人数过多无法适配时，词槽被转换成(0,0,1)。

开发者需要保证在配置不变的情况下（词槽系统允许开发者根据词槽配置输出不同的维度，这就是 feature_dimensionality 是方法而不是属性的原因），模型输出的特征维度不变，否则训练和推理时维度不同会导致系统出错。

9.2.4 其他功能的扩展性

除上面提到的 NLU 组件和对话管理策略可扩充外，开发者还可以自定义如下功能。

- 自定义数据导入方式（通过自定义 data importer 的方式）。
- 自定义 tracker store。
- 自定义 connector。

在通常情况下，开发者并不需要扩展这些功能，因此我们不再详细讲解这一部分。有需要的开发者可以参考官方文档，了解扩展方法。

9.3 实战：实现自定义分词器

本节将在已有分词器的基础上，将分词器接口包装成 NLU 组件。

9.3.1 分词器 MicroTokenizer 的简介

MicroTokenizer 是一个轻量级分词器项目，API 比较容易使用。安装 MicroTokenizer 非常简单，代码如下。

```
pip install MicroTokenizer
```

使用起来也很容易，代码如下。

```
import MicroTokenizer

tokens = MicroTokenizer.cut("知识就是力量")
print(tokens)
```

　　输出结果如下。

```
['知识', '就是', '力量']
```

9.3.2　代码详解

　　首先我们将全部代码列出，如下所示，然后我们将详细讨论其中的核心功能和代码片段。

```
from __future__ import annotations
  import logging
  import os
  import glob
  import shutil
  from typing import Any, Dict, List, Optional, Text

  from rasa.engine.graph import ExecutionContext
  from rasa.engine.recipes.default_recipe import DefaultV1Recipe
  from rasa.engine.storage.resource import Resource
  from rasa.engine.storage.storage import ModelStorage

  from rasa.nlu.tokenizers.tokenizer import Token, Tokenizer
  from rasa.shared.nlu.training_data.message import Message

  from rasa.shared.nlu.training_data.training_data import
TrainingData

  logger = logging.getLogger(__name__)


  @DefaultV1Recipe.register(
      DefaultV1Recipe.ComponentType.MESSAGE_TOKENIZER,
is_trainable=True
  )
  class MicroTokenizer(Tokenizer):
      provides = ["tokens"]

      @staticmethod
```

```python
    def supported_languages() -> Optional[List[Text]]:
        """Supported languages (see parent class for full
docstring)."""
        return ["zh"]

    @staticmethod
    def get_default_config() -> Dict[Text, Any]:
        """Returns default config (see parent class for full
docstring)."""
        return {
            # default don't load custom dictionary
            "dictionary_path": None,
            # Flag to check whether to split intents
            "intent_tokenization_flag": False,
            # Symbol on which intent should be split
            "intent_split_symbol": "_",
            # Regular expression to detect tokens
            "token_pattern": None,
        }

    def __init__(
        self, config: Dict[Text, Any], model_storage:
ModelStorage, resource: Resource,
    ) -> None:
        super().__init__(config)
        self._model_storage = model_storage
        self._resource = resource

    @classmethod
    def create(
        cls,
        config: Dict[Text, Any],
        model_storage: ModelStorage,
        resource: Resource,
        execution_context: ExecutionContext,
    ) -> MicroTokenizer:
        """Creates a new component (see parent class for full
docstring)."""
        # Path to the dictionaries on the local filesystem.
        dictionary_path = config["dictionary_path"]
```

```python
    if dictionary_path is not None:
        cls._load_custom_dictionary(dictionary_path)
    return cls(config, model_storage, resource)

@staticmethod
def _load_custom_dictionary(path: Text) -> None:
    import MicroTokenizer

    userdicts = glob.glob(f"{path}/*")
    for userdict in userdicts:
        logger.info(f"Loading MicroTokenizer User Dictionary at
{userdict}")
        MicroTokenizer.load_userdict(userdict)

@classmethod
def required_packages(cls) -> List[Text]:
    return ["MicroTokenizer"]

def train(self, training_data: TrainingData) -> Resource:
    """Copies the dictionary to the model storage."""
    self.persist()
    return self._resource

def tokenize(self, message: Message, attribute: Text) ->
List[Token]:
    import MicroTokenizer

    text = message.get(attribute)

    tokenized = MicroTokenizer.cut(text)

    tokens = []
    start = 0
    for word in tokenized:
        tokens.append(Token(word, start))
        start += len(word)

    return self._apply_token_pattern(tokens)

@classmethod
def load(
```

```python
        cls,
        config: Dict[Text, Any],
        model_storage: ModelStorage,
        resource: Resource,
        execution_context: ExecutionContext,
        **kwargs: Any,
    ) -> MicroTokenizer:
        """Loads a custom dictionary from model storage."""
        dictionary_path = config["dictionary_path"]

        # If a custom dictionary path is in the config we know
that it should have
        # been saved to the model storage.
        if dictionary_path is not None:
            try:
                with model_storage.read_from(resource) as
resource_directory:
                    cls._load_custom_dictionary
(str(resource_directory))
            except ValueError:
                logger.debug(
                    f"Failed to load {cls.__name__} from model
storage. "
                    f"Resource '{resource.name}' doesn't exist."
                )
        return cls(config, model_storage, resource)


    @staticmethod
    def _copy_files_dir_to_dir(input_dir: Text, output_dir: Text)
-> None:
        # make sure target path exists
        if not os.path.exists(output_dir):
            os.makedirs(output_dir)

        target_file_list = glob.glob(f"{input_dir}/*")
        for target_file in target_file_list:
            shutil.copy2(target_file, output_dir)

    def persist(self) -> None:
        """Persist the custom dictionaries."""
        dictionary_path = self._config["dictionary_path"]
```

```
        if dictionary_path is not None:
            with self._model_storage.write_to(self._resource) as
resource_directory:
                self._copy_files_dir_to_dir(dictionary_path,
str(resource_directory))
```

关于这个自定义组件，首先需要介绍的是它的代码满足了自定义组件的 3 个必要条件：实现 GraphComponent 接口、进行组件注册和使用类型注解。使用了类型注解在代码中显而易见。实现了 GraphComponent 接口也很容易理解，因为我们的组件继承了 GraphComponent 类的子类：Tokenizer 子类。现在，让我们将注意力集中在进行组件注册上。在代码中进行组件注册是这样实现的：

```
@DefaultV1Recipe.register(
    DefaultV1Recipe.ComponentType.MESSAGE_TOKENIZER,
is_trainable=True
)
class MicroTokenizer(Tokenizer):
```

在这个装饰器（decorator）调用中，我们在注册这个组件的同时，提供了这个组件的元信息。这些元信息包括这个组件的类型是 DefaultV1Recipe.ComponentType. MESSAGE_TOKENIZER。这个组件是需要训练的，也就是 is_trainable=True。

下面，我们将详细介绍其中核心代码的作用和原理。

9.3.2.1　组件对外提供的资源

类属性 provides = ["tokens"]分词器是需要下游的组件提供分词结果的，在 Rasa 的惯例中，tokens 字段表示分词结果。所有的分词器和下游可能使用分词结果组件约定使用这个字段名，因此不可以更改这个名字。

对于有些组件，它们需要其他某个组件提供资源，也就是它们依赖那个组件。在这种情况下，就需要指定所需组件的类型，可以通过以下所示的方法指定。

```
@classmethod
def required_components(cls) -> List[Type]:
    """Components that should be included in the pipeline before
this component."""
    return [Featurizer]
```

9.3.2.2　组件的语言支持

分词器之类的组件对于语言是敏感的，通常情况下，一种分词器只支持一种语言。NLU 组件可以提供语言支持的信息，这样就可以让 Rasa 检查这个组件是否支持当前的语言设定了。例如，一个只支持中文的组件被使用在了一个英文环境中（也就是流水线中设置 language 为 en）就会被检测出来。在这里，因为 MicroTokenizer 只支持中文，因此返回中文的语言代码作为结果。具体代码如下。

```
@staticmethod
def supported_languages() -> Optional[List[Text]]:
    """Supported languages (see parent class for full
docstring)."""
    return ["zh"]
```

9.3.2.3 组件的默认配置

组件需要提供默认配置的值，这样在用户没有指定该配置的情况下，就能获得一个合法的默认值。我们的自定义分词器组件的默认值是通过下面的函数返回的。

```
@staticmethod
def get_default_config() -> Dict[Text, Any]:
    """Returns default config (see parent class for full
docstring)."""
    return {
        # default don't load custom dictionary
        "dictionary_path": None,
        # Flag to check whether to split intents
        "intent_tokenization_flag": False,
        # Symbol on which intent should be split
        "intent_split_symbol": "_",
        # Regular expression to detect tokens
        "token_pattern": None,
    }
```

其中，intent_tokenization_flag、intent_split_symbol 和 token_pattern 是分词器通用的选项，具体已经在自定义分词器所继承的 Tokenizer 子类中实现了，不需要我们关心。dictionary_path 用于指定字典文件的路径，这个由用户制作的字典文件将会被自定义分词器载入，以改变分词结果。

9.3.2.4 组件的软件包依赖

很多组件的实现都依赖一些第三方软件包。自定义组件的实现者可以在组件中指定所依赖的软件包的名字，以便在没有安装该软件包时非常友好地提醒用户应该安装什么软件包。指定软件包依赖的方式非常简单，只需要通过特定的方法返回软件包名字即可，如下所示。

```
@classmethod
def required_packages(cls) -> List[Text]:
    return ["MicroTokenizer"]
```

9.3.2.5　组件初始化

组件在初始化的时候会接收配置信息。在自定义分词器组件中，我们先将所有的配置都存储起来（比较正规的做法是检查配置，并拥有默认配置。在这里，为了代码的简洁，我们省去了这些），再传递给其他方法使用。组件初始化代码大致如下。

```
def __init__(self, component_config: Dict[Text, Any] = None) ->
None:
    super().__init__(component_config)

    kwargs = copy.deepcopy(component_config) if component_config
else dict()

    self.custom_dict = kwargs.pop("dictionary_path", None)

    if self.custom_dict:
        self.load_custom_dictionary(self.custom_dict)

@staticmethod
def load_custom_dictionary(custom_dict: Text) -> None:
    import MicroTokenizer

    MicroTokenizer.load_userdict(custom_dict)
```

可以看到，组件配置信息 custom_dict 在这里得到了使用。

9.3.2.6　组件训练

组件的训练是从创建组件实例开始的。自定义分词器组件的创建是从类方法 create() 开始的。类方法 create() 接收 Rasa 传递过来的参数，载入字典文件（如果有的话），随后创建自定义组件实例。具体代码如下。

```
def __init__(
    self, config: Dict[Text, Any], model_storage: ModelStorage,
resource: Resource,
) -> None:
    super().__init__(config)
    self._model_storage = model_storage
    self._resource = resource
```

```
@classmethod
def create(
    cls,
    config: Dict[Text, Any],
    model_storage: ModelStorage,
    resource: Resource,
    execution_context: ExecutionContext,
) -> MicroTokenizer:
    """Creates a new component (see parent class for full
docstring)."""
    # Path to the dictionaries on the local filesystem.
    dictionary_path = config["dictionary_path"]

    if dictionary_path is not None:
        cls._load_custom_dictionary(dictionary_path)
    return cls(config, model_storage, resource)

@staticmethod
def _load_custom_dictionary(path: Text) -> None:
    import MicroTokenizer

    userdicts = glob.glob(f"{path}/*")
    for userdict in userdicts:
        logger.info(f"Loading MicroTokenizer User Dictionary at
{userdict}")
        MicroTokenizer.load_userdict(userdict)
```

在创建组件实例后，下一步就是通过调用 train()方法进行模型训练和持久化（persist）。这里的持久化就是将组件资源保存到磁盘，以便推理时可以使用。我们的自定义分词器组件并不需要训练（虽然底层的 MicroTokenizer 库是支持训练的），但我们需要将用户提供的自定义字典文件持久化到磁盘中，以便推理时依旧可以找到这个文件。具体代码如下。

```
def train(self, training_data: TrainingData) -> Resource:
    """Copies the dictionary to the model storage."""
    self.persist()
    return self._resource
@staticmethod
def _copy_files_dir_to_dir(input_dir: Text, output_dir: Text)
-> None:
    # make sure target path exists
```

```
    if not os.path.exists(output_dir):
        os.makedirs(output_dir)

    target_file_list = glob.glob(f"{input_dir}/*")
    for target_file in target_file_list:
        shutil.copy2(target_file, output_dir)

def persist(self) -> None:
    """Persist the custom dictionaries."""
    dictionary_path = self._config["dictionary_path"]
    if dictionary_path is not None:
        with self._model_storage.write_to(self._resource) as
resource_directory:
            self._copy_files_dir_to_dir(dictionary_path,
str(resource_directory))
```

9.3.2.7　组件推理

利用自定义组件进行推理的第一步是将自定义组件从磁盘中载入。这项工作是由自定义组件的类方法 load() 来完成的。类方法 load() 和训练时的类方法 create() 非常相似，它也会接收 Rasa 传递过来的参数，载入字典文件（如果有的话），随后创建自定义组件实例。这部分功能的详细代码如下。

```
@classmethod
def load(
    cls,
    config: Dict[Text, Any],
    model_storage: ModelStorage,
    resource: Resource,
    execution_context: ExecutionContext,
    **kwargs: Any,
) -> MicroTokenizer:
    """Loads a custom dictionary from model storage."""
    dictionary_path = config["dictionary_path"]

    # If a custom dictionary path is in the config we know that
it should have
    # been saved to the model storage.
    if dictionary_path is not None:
        try:
            with model_storage.read_from(resource) as
resource_directory:
```

```
                cls._load_custom_dictionary(str(resource_
directory))
        except ValueError:
            logger.debug(
                f"Failed to load {cls.__name__} from model
storage. "
                f"Resource '{resource.name}' doesn't exist."
            )
        return cls(config, model_storage, resource)
```

有了自定义分词器的实例后，就可以进行推理了。Rasa 会调用自定义分词器的
tokenize()方法。这个方法的调用参数是用户消息，输出是词（以 token 对象表示）的
列表。具体代码如下所示。

```
def tokenize(self, message: Message, attribute: Text) ->
List[Token]:
    import MicroTokenizer

    text = message.get(attribute)

    tokenized = MicroTokenizer.cut(text)

    tokens = []
    start = 0
    for word in tokenized:
        tokens.append(Token(word, start))
        start += len(word)

    return self._apply_token_pattern(tokens)
```

其中的 self._apply_token_pattern()函数是 Tokenizer 子类提供的助手（helper）
函数。

9.3.3 使用自定义分词器

在前面的内容中，我们介绍过如何使用自定义 NLU 组件。这里我们假设自定义
分词器组件位于 rasa_custom_tokenizer/tokenizer.py 文件中（路径是相对于 Rasa 项目
目录的），那么我们的配置文件就可以这样写：

```
recipe: default.v1
language: zh
pipeline:
  - name: rasa_custom_tokenizer.tokenizer.MicroTokenizer
```

```
    - name: LanguageModelFeaturizer
      model_name: bert
      model_weights: bert-base-chinese
    - name: RegexFeaturizer
    - name: DIETClassifier
      epochs: 100
      learning_rate: 0.001
      tensorboard_log_directory: ./log
    - name: ResponseSelector
      epochs: 100
      learning_rate: 0.001
    - name: EntitySynonymMapper
policies:
    - name: MemoizationPolicy
    - name: TEDPolicy
    - name: RulePolicy
```

可以看到，在流水线（pipeline）中的第一个组件（也就是 rasa_custom_tokenizer. tokenizer.MicroTokenizer）就是我们的自定义分词器组件。

9.4　小结

本章讨论了 Rasa 的工作原理。Rasa 可以分为 Rasa NLU 和 Rasa Core 两部分。Rasa NLU 的核心是一个由组件组成的流水线。Rasa NLU 的核心工作是让数据流过这个流水线，从而进行训练和推理。 Rasa Core 的核心是策略。Rasa Core 的核心工作是将跟踪器转换为模型中可以使用的输入数据并训练模型。本章还介绍了如何为各种功能编写 Rasa 扩展。最后，本章通过一个实际项目展示了如何创建和使用自定义中文分词器。

在第 10 章中，我们将讨论 Rasa 技巧与生态。

Rasa 技巧与生态

本章将为大家总结 Rasa 实践技巧，这些实践技巧可以广泛地应用在项目中。

在阅读本章之前，推荐读者首先阅读 Rasa 官方文档中的最佳实践部分。如果可以，请经常查阅和通读官方文档。据我们所知，这是获取 Rasa 相关知识最快速、容易的方式。

10.1 如何调试 Rasa

作为一个复杂的软件系统，Rasa 需要经过精心的设计和配置才能正常工作。开发者在开发基于 Rasa 的机器人时，总会遇到各种 bug。总体来说，Rasa 开发者遇到的 bug 按照本质根源可以分成两种：一种是预测结果不正确；另一种是代码出错。下面将逐一分析。

10.1.1 预测结果不正确

如果预测结果不正确，那么可能是两类问题导致的：一类是 NLU 预测错误；另一类是策略预测错误。解决预测结果不正确的问题最重要的一步是确定是哪一类问题。所幸，Rasa 在设计和实现的时候考虑到了这种问题，Rasa 的很多命令都具有调试功能。打开调试开关就可以实时获取 Rasa 内部的关键信息，从而轻松地判断问题所在。我们推荐在预测结果不正确时，使用 Rasa 自带的 rasa shell 命令，通过附加-vv 来开启 debug 信息输出功能，即命令 rasa shell -vv。下面是一个运行示例（删除了部分

非关键信息)。

```
Bot loaded. Type a message and press enter (use '/stop' to exit):
Your input ->  明天天气  <!-- 此处是用户输入 -->
2021-01-28 16:33:11 DEBUG    rasa.core.processor  - Received user
message '明天天气' with intent '{'id': -2496306788654741946, 'name':
'weather', 'confidence': 0.999911904335022}' and entities
'[{'entity': 'date-time', 'start': 0, ': 2, 'confidence_entity':
0.9986190795898438, 'value': '明天', 'extractor':
'DIETClassifier'}]'
2021-01-28 16:33:11 DEBUG    rasa.core.processor  - Current slot
values:
       address: None
       date-time: None
       requested_slot: None
2021-01-28 16:33:11 DEBUG    rasa.core.processor  - Logged
UserUtterance - tracker now has 4 events.
2021-01-28 16:33:11 DEBUG    rasa.core.policies.memoization  -
Current tracker state:
[state 1] user intent: weather | user entities: ('date-time',) |
previous action name: action_listen
2021-01-28 16:33:11 DEBUG    rasa.core.policies.memoization  - There
is a memorised next action 'weather_form'
2021-01-28 16:33:12 DEBUG    rasa.core.policies.rule_policy  -
Current tracker state:
[state 1] user text: 明天天气 | previous action name: action_listen
2021-01-28 16:33:12 DEBUG    rasa.core.policies.rule_policy  - There
is no applicable rule.
2021-01-28 16:33:12 DEBUG    rasa.core.policies.rule_policy  -
Current tracker state:
[state 1] user intent: weather | user entities: ('date-time',) |
previous action name: action_listen
2021-01-28 16:33:12 DEBUG    rasa.core.policies.rule_policy  - There
is a rule for the next action 'weather_form'.
2021-01-28 16:33:12 DEBUG    rasa.core.policies.ensemble  - Made
prediction using user intent.
2021-01-28 16:33:12 DEBUG    rasa.core.policies.ensemble  - Added
`DefinePrevUserUtteredFeaturization(False)` event.
2021-01-28 16:33:12 DEBUG    rasa.core.policies.ensemble  -
Predicted next action using policy_2_RulePolicy.
2021-01-28 16:33:12 DEBUG    rasa.core.processor  - Predicted next
action 'weather_form' with confidence 1.00.
```

```
2021-01-28 16:33:12 DEBUG    rasa.core.actions.forms - Activated
the form 'weather_form'.
2021-01-28 16:33:12 DEBUG    rasa.core.actions.forms - No pre-
filled required slots to validate.
2021-01-28 16:33:12 DEBUG    rasa.core.actions.forms - Validating
user input 'UserUttered(text: 明天天气, intent: weather, entities: 明
天 (Type: date-time, Role: None, Group: None),
use_text_for_featurization: False)'.
2021-01-28 16:33:12 DEBUG    rasa.core.actions.forms - Extracted '
明天' for extra slot 'date-time'.
2021-01-28 16:33:12 DEBUG    rasa.core.actions.forms - Validating
extracted slots: {'date-time': '明天'}
2021-01-28 16:33:12 DEBUG    rasa.core.actions.forms - Request next
slot 'address'
2021-01-28 16:33:12 DEBUG    rasa.core.processor - Policy
prediction ended with events
'[<rasa.shared.core.events.DefinePrevUserUtteredFeaturization
object at 0x7fc7941f4990>]'.
2021-01-28 16:33:12 DEBUG    rasa.core.processor - Action
'weather_form' ended with events
'[<rasa.shared.core.events.ActiveLoop object at 0x7fc7940ff110>,
<rasa.shared.core.events.SlotSet object at 0x7fc7941df150>,
<rasa.shared.core.events.SlotSet object at 0x7fc79417bfd0>,
BotUttered('哪里呢? ', {"elements": null, "quick_replies": null,
"buttons": null, "attachment": null, "image": null, "custom":
null}, {"template_name": "utter_ask_address"}, 1611822792.564)]'.
2021-01-28 16:33:12 DEBUG    rasa.core.processor - Current slot
values:
```

在上面的例子中，rasa.core.processor - Received user message '明天天气' with intent '{'id': -2496306788654741946, 'name': 'weather', 'confidence': 0.999911904335022}' and entities '[{'entity': 'date-time', 'start': 0, ': 2, 'confidence_entity': 0.9986190795898438, 'value': '明天', 'extractor': 'DIETClassifier'}]' 这一段表示的是 Rasa NLU 解析后的结果。开发者可以根据这个信息判断是否出现了 NLU 预测错误。

在上面的例子中，类似于"rasa.core.processor - Predicted next action 'weather_form' with confidence 1.00." 的消息表示的是策略的最终预测结果。开发者可以跟踪此类信息，以判断是否出现了策略预测错误。

10.1.2　代码出错

在开发过程中，可能会出现代码出错或意外终止的情况，这个时候需要通过 Python 源代码调试来找到错误根源。

调试 Python 一般有以下 2 种方式。

- 使用 Python 自带的 pdb 模块，这是 Python 官方解决方案。其优点是不需要任何第三方工具，功能强大，开发或生产环境都可以使用。其缺点是入门门槛高。
- 使用基于用户图形界面（Graphical User Interface，GUI）的集成式开发环境（Integrated Development Environment，IDE）。其优点是简单易懂。其缺点是需要计算机有图形界面且需要安装庞大的软件，仅适合在开发阶段使用。

本节将分别介绍这 2 种调试方式。

10.1.2.1　使用 pdb 模块进行调试

使用 pdb 模块进行调试的最佳方式是在发生错误时自动进入事后调试（post mortem）模式。事后调试是指在程序崩溃后对其进行调试，可以让用户快速找到错误的直接原因，并查看崩溃时的整个调用堆栈。

以下是使用 pdb 命令（在命令提示符或终端中执行）的事后调试示例。

```
python -m pdb -c continue -m rasa train
```

此命令的 rasa train 部分是要调试的 Rasa 命令。

这里有个兼容性问题：上述命令仅在 Python 3.7 及更高版本中可用（-m 选项是在 Python 3.7 中新引入 pdb 模块的）。Python 3.7 之前的用户可以使用以下方法代替：直接找到程序入口模块的位置，通过调用源代码开启 pdb 调试功能。所有 Rasa 命令的入口模块都是 rasa.__main__ 模块。用户可以在 Python 解释器中执行以下 Python 代码来找到 rasa.__main__ 模块的文件位置。

```
>>> from rasa import __main__; print(__main__.__file__)
<XXX>/rasa/__main__.py
```

上述代码成功输出了 Rasa 入口模块的文件位置，即<XXX>/rasa/__main__.py（<XXX>部分表示省略的路径前缀）。

一旦有了入口模块的文件位置，就可以使用以下命令（在命令提示符或终端中执行）来实现事后调试。

```
python -m pdb -c continue <XXX>/rasa/__main__.py train
```

在上述命令中，<XXX>/rasa/__main__.py 是 Rasa 命令行入口模块的文件路径，train 部分是我们要执行的 Rasa 子命令。从效果上说，上述命令完全等同于我们之前介绍过的调试命令。上述命令的缺点很明显，就是比较麻烦，优点是可以在任何 Python 版本中使用。

无论使用哪种方式启动 pdb 调试，当运行 Rasa 命令出现错误后都会进入 pdb 调试器，如下。

```
Uncaught exception. Entering post mortem debugging
Running 'cont' or 'step' will restart the program
> /<XXX>/Chapter11/customed/tokenizer.py(12)tokenize()
-> raise ValueError("This is an on purpose exception")
(Pdb) <!-- 光标在这里闪烁 -->
```

在当前界面中，pdb 调试器正在等待用户的输入。

在 pdb 调试器中，需要通过命令操作 pdb 调试器来观察当前程序状态，控制程序执行或切换上下文等。这里举一个操作 pdb 调试器的例子。

```
> /<XXX>/Chapter11/customed/tokenizer.py(12)tokenize()
-> raise ValueError("This is an on purpose exception")
(Pdb) longlist <!-- type your pdb command here -->
  8         def tokenize(self, message, attribute):
  9             text = message.get(attribute)
 10
 11             # raise exception on purpose
 12  ->         raise ValueError("This is an on purpose exception")
 13
 14             words = text.split()
 15
 16             tokens = self._convert_words_to_tokens(words, text)
 17
 18             return self._apply_token_pattern(tokens)
(Pdb) <!-- 光标在这里闪烁 -->
```

在上面的例子中，我们使用 longlist 命令打印当前正在执行的函数的代码。当前正在执行的代码行已在输出中用 -> 标记在代码行左侧。为了突出这一点，在代码块中，这一行的文本已经加了下画线（在实际输出中，文本没有加下画线）。

在此为大家列出常用的 pdb 调试命令，如表 10-1 所示。

表 10-1　常用的 pdb 调试命令

命　　令	描　　述
longlist [简写为 ll]	列出当前函数或帧（frame）的源代码。正在执行的代码行将在左侧特别标记
print [简写为 p] expression	计算当前上下文中 expression 的值并打印出来
continue	继续执行并仅在遇到下一个断点时停止
step	如果当前行是函数调用行，则进入被调用的函数继续调试；否则，执行当前行并在当前函数的下一行停止
next	执行当前行（不管是不是函数调用行，这一点和 step 命令不同），停在当前函数的下一行
up	将当前帧移动到堆栈跟踪中的旧帧处（当前帧的调用者）
down	与 up 命令相反，将当前帧移动到堆栈跟踪中的新帧处

10.1.2.2　使用 IDE 进行调试

一种调试 Python 的方法是使用基于 GUI 的 IDE。这里我们以常用的 Python IDE 工具 PyCharm 为例，展示调试 Rasa 应用程序的配置方法。如图 10-1 所示，我们单击"运行"选项卡，随后选择"调试"命令，在弹出的文本框中选择"编辑配置"命令，在新弹出的文本框中单击左上角的+按钮，在列表框中选择"Python"选项。

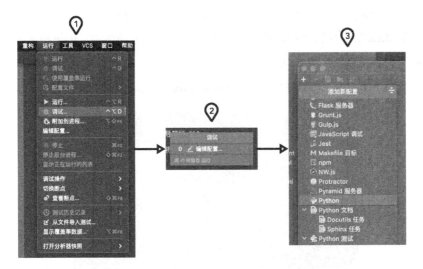

图 10-1　打开 PyCharm Rasa 调试配置界面

如此，我们会得到如图 10-2 所示的 PyCharm Rasa 调试配置界面。

和使用 pdb 模块一样，IDE 也有 2 个调试方法：第一个是基于模块的方法；第二个是基于文件的方法。

首先，我们讨论基于模块的方法。我们需要对图 10-2 中的默认配置进行 4 处更改。

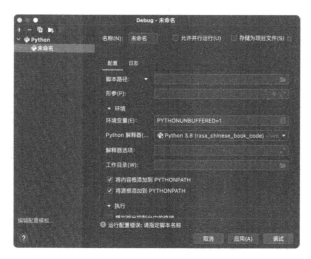

图 10-2　PyCharm Rasa 调试配置界面

- 我们需要选择"模块名称"作为运行方式：单击"脚本路径"右侧的▼按钮打开选择列表，选择"模块名称"选项。
- 模块名称设置为"rasa"。
- 参数设置为我们需要的 Rasa 子命令和参数。在命令行中，除了 rasa 之外的所有 Rasa 命令字符串都是参数。例如，在 rasa train 命令中，train 就是参数。
- 工作目录设置为 Rasa 项目路径。

图 10-3 所示为一个完整的基于模块的 PyCharm Rasa 调试配置。

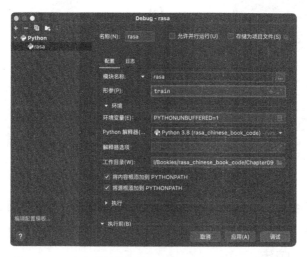

图 10-3　一个完整的基于模块的 PyCharm Rasa 调试配置

下面，我们讨论基于文件的方法。我们需要对默认配置进行 4 处更改。

- 我们需要选择"脚本路径"作为运行方式。这是默认值，如果不是，则单击"模块名称"右侧的▼按钮，打开选择列表，选择"脚本路径"选项。

- 脚本路径设置为入口模块的文件路径(rasa.＿main＿)。我们已经在"使用 pdb 模块进行调试"部分讨论了如何获取文件路径。

- 参数设置为我们需要的 Rasa 子命令和参数。 这部分的设置与基于模块的方法相同。

- 工作目录设置为 Rasa 项目路径。这部分的设置也和基于模块的方法相同。

这里给出一个完整的基于文件的 PyCharm Rasa 调试配置的例子，如图 10-4 所示。

图 10-4　一个完整的基于文件的 PyCharm Rasa 调试配置

无论使用哪一种基于 GUI 的配置，在完成配置后，我们都可以使用 PyCharm 的断点和调试仪表板来调试 Rasa 项目。使用断点调试 Rasa 程序如图 10-5 所示。

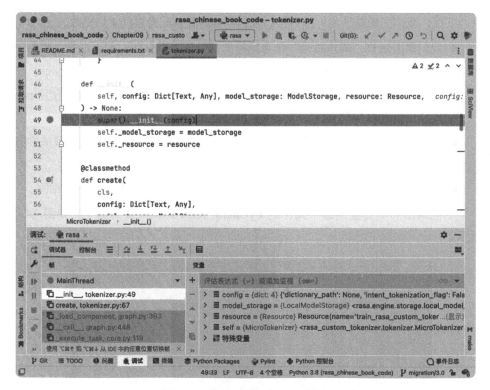

图 10-5　使用断点调试 Rasa 程序

10.2　如何阅读 Rasa 源代码

很多 Rasa 开发者对阅读 Rasa 源代码感兴趣。从 2016 年 12 月开放源代码开始，Rasa 不断地发展成为一个成熟的工业级对话系统。Rasa 3.0.3 版本的核心代码与测试代码合计约 552 个源文件，约 14.9 万行源代码。如此大规模的代码仓库，阅读起来确实比较艰难。这里我们给出几个建议，帮助想要深入了解 Rasa 内部实现的开发者更有效率地阅读源代码。

10.2.1　阅读源代码前

阅读源代码前必须熟悉 Rasa 所用的术语，这些术语会同时出现在文档和源代码中。快速了解这些术语的最佳方式就是阅读文档。通过阅读文档，开发者可以了解该术语的概念和作用。在后续阅读源代码的过程中，开发者就可以通过名字知道该代码对象属于什么术语的范畴，不用仔细阅读代码也能知道这个代码对象的作用，从而降低阅读代码带给开发者的精神压力和心智负担。

如果想知道一个软件是如何工作的，那么必须首先知道这个软件是做什么的、怎么操作、有什么输入和产出。同理，在使用 Rasa 的过程中，开发者将会了解 Rasa 各个模块是做什么的，怎样操作才能训练和推理，它们的输入和输出包含什么信息。通过这些信息，开发者可以知道 Rasa 系统的输入和输出是什么，大体工作流程是怎么样的，更重要的是可以知道 Rasa 系统的入口在哪里（Rasa 通过命令行启动训练和推理，因此追踪命令行的实现，就可以得到系统入口），这为后续阅读代码提供了出发点。

工欲善其事，必先利其器。优秀的代码阅读工具很重要。在通常情况下，开发者可以选择熟悉的开发工具，也可以选择专业的代码阅读和分析工具。这里我们推荐一款专业的代码阅读软件：Sourcetrail。Sourcetrail 是一款免费且开源的代码阅读和分析软件，跨平台且对 Python 在内的多种编程语言提供了良好的支持。使用 Sourcetrail 阅读 Rasa 源代码如图 10-6 所示。

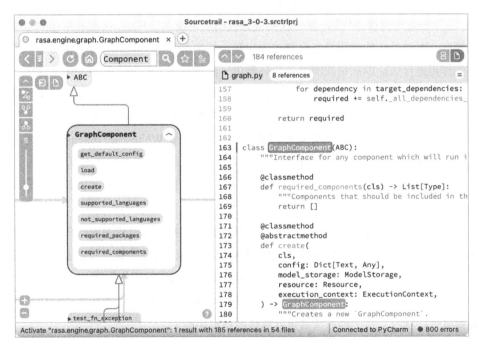

图 10-6　使用 Sourcetrail 阅读 Rasa 源代码

10.2.2　阅读源代码时

在阅读源代码前，我们必须明确本次阅读源代码的目标是什么：是为了解决一个棘手的 bug？扩展 Rasa 系统？还是为了学习 Rasa 的架构设计？Rasa 作为大型软件项目是没有办法在较短的时间内通过阅读源代码来完全掌握的。不分主次、大水漫灌式的阅读方式将会把非常有限的精力和时间快速消耗殆尽，而这些投入难以有收获。因此需要根据目标的不同去有针对性地阅读源代码。

如果开发者的目的是解决棘手的 bug，我们的建议是定位到具体出错的源代码，搞清楚出错的代码的功能，通过调试确定出错的原因，如有必要，可以追溯至调用链的上游，如此重复，直至到达系统入口。

如果开发者的目的是扩展 Rasa 系统，我们的建议是首先阅读待扩展组件的调用者代码：有哪些调用者，分别调用了这类组件的哪些接口，这些接口的输入和输出是什么；然后阅读官方组件的实现源代码，确保详细掌握了每个接口的作用。

如果开发者的目的是学习 Rasa 的架构设计，我们的建议是多次反复阅读源代码，逐次细化地阅读源代码。第一次阅读源代码从系统入口开始，按照非常粗的粒度了解整个系统的工作流程是怎么样的调用链，其中有哪些关键的综合类，每个综合类的作用是什么。以后每次阅读源代码都进一步地阅读上一次没有涉及的关键类，了解其内部大概的实现方式。由于我们的目的是学习架构设计而不是学习源代码细节，因此对于类型相同的组件，我们只选择其中最简单或最具代表性的实现类进行阅读。例如，在 NLU 组件的分词组件中，我们可以选择 WhitespaceTokenizer 作为阅读目标，其他分词组件将不再阅读。另外，由于有些组件是由深度学习算法实现的，需要配合论文才能理解，因此我们不建议阅读这类组件，可以选择阅读其中最简单的实现类或该类组件的基类。

如果开发者在阅读源代码时遇到难以理解其含义或实现过程的源代码，那么开发者可以通过关联这段源代码的测试代码快速了解该源代码的输入和输出，进而理解其作用，还可以利用关联的测试代码帮助理解目标代码的工作原理。

当遇到难题时，通过前面章节介绍的配置 Rasa 调试的方法，逐步追踪代码运行观察其运行状况，是一种非常常用且高效的理解手段。

10.2.3　阅读源代码后

在阅读源代码后，开发者可以尝试在纸上或脑中回忆源代码的一些流程，争取能够脱离源代码细节独立地描述清楚源代码的逻辑。在此基础上，可以进一步反思为什么官方要这样设计？有什么优点和缺点？如果自己来设计，有哪些点是自己没有考虑到的？思考得越多，开发者就得到越多。

10.3　对话驱动开发和 Rasa X

10.3.1　对话驱动开发

对话驱动开发（Conversation-Driven Development，CDD）是这样一个过程：开发者观察用户的行为，并根据这些观察来提升对话机器人的表现。

对话驱动开发包含如下的动作。

- 分发：将开发者的原型产品尽可能快地给到用户进行测试。无论开发者如何努力，用户总会对机器人说一些开发者从来没有想到的对话。不接触用户，不了解用户的真实需求，很容易无的放矢。例如，花几个月时间来设计一些真实用户从来不会使用的对话机器人。

- 审阅：花时间仔细研读用户和机器人之间的对话。在开发的每个阶段，从原型到最终上线产品，研究真实用户的对话过程，都非常有帮助。细节决定成败，而不能只盯着粗略的统计报表。例如，有的团队只会盯着一些简单的指标看，观察有多少比例的用户表达了某个意图等。

- 标注：根据真实对话的数据来提高 NLU 模型的表现。在项目刚开始时，依靠开发者自己想出来的例子，以及通过对同一个句子采用不同表述的方法得到人工合成的句子会很有帮助。但是在生产环境中时，应该确保来自真实对话的数据占总数据的比例要高于 90%。

- 测试：用整个对话作为端到端（end-to-end）的测试用例。专业的团队不会发布没有经过良好测试的产品。当产品上线时，需要有几十条端到端测试用例去覆盖关键的会话路径。使用持续集成和持续部署的方法会让这些过程简单可靠。

- 追踪：根据业务场景想出一些方法来判断对话过程是否成功完成了目标。例如，在销售类场景中，用户在 72 小时内购买了该产品；或者在客服类场景中，用户在 24 小时内没有再请求客服支持。这种都可以视为这个对话过程成功完成了目标。

- 修复：研究那些进行得比较顺利或失败的对话。进行得很成功的对话可以立即作为测试用例。失败的对话可以揭示哪些地方需要更多的训练数据或代码中哪些地方有 bug。跟踪对话机器人是如何失败的，开发者就可以慢慢知道如何修复这些问题了。

对话驱动开发是一个以用户为中心的开发方法。它不是一个和瀑布模型一样的线性过程。对话驱动开发在开发过程中需要在上述 6 个动作间来回跳跃。有些动作需要开发者对业务领域和用户有非常深入的认知和理解，有些动作则需要开发者具有软件开发和数据科学方面的技巧。整个开发过程需要产品对话设计人员和软件开发人员共同协作，才能找到用户真正的需求。对话驱动开发可以保证随着时间的推移，对话机器人会越来越适应真实用户的需求，而不是让用户来适应对话机器人。

10.3.2　Rasa X

Rasa X 是 Rasa 官方发布的一个对话驱动开发工具，非商业使用（个人使用）完全免费。如果不将 Rasa X 作为服务提供给其他人使用（SaaS），那么 Rasa X 可以商业使用。

正如前面提到的 Rasa X 是一个对话驱动开发工具，下面将按照对话驱动开发的 6 个动作介绍 Rasa X 的功能。

10.3.2.1　分发

Rasa X 支持 3 种分发对话机器人的方式：分享网址、使用后台界面、使用外部通道（channel）。

- 分享网址：在 Rasa X 中，开发者可以选择生成一个网址给测试用户，测试用户用浏览器打开后就会得到一个可以和机器人对话的简单的聊天界面。
- 使用后台界面：用户登录 Rasa X 后台后，可以通过 "Talk to your bot" 界面进行对话，在对话过程中能额外看到更多的机器人的内部状态。
- 使用外部通道：Rasa 可以通过外部通道和客户端沟通，开发者可以通过外部通道和客户端建立连接，从而测试用户和机器人可以建立连接。

无论使用哪种方式，Rasa X 都会完整地记录对话过程。

10.3.2.2　审阅

在分发动作中所收集的对话过程都会被记录在 Rasa X 的 Conversation Inbox 界面中，用户可以在该界面中筛选对话，审阅对话，给对话打标签（tag）。审查对话的界面如图 10-7 所示。

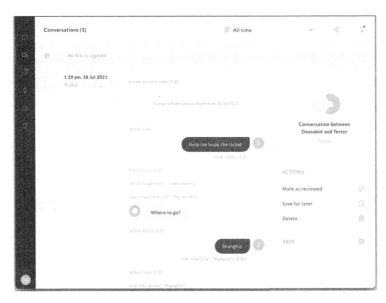

图 10-7　审阅对话的界面

10.3.2.3　标注

所有对话过程中的 NLU 消息都会被记录在 Rasa X 的 NLU Inbox 界面中，用户可以标注 NLU 消息是否正确，当出现错误时，用户可以修正后保存。标注样例的界面如图 10-8 所示。

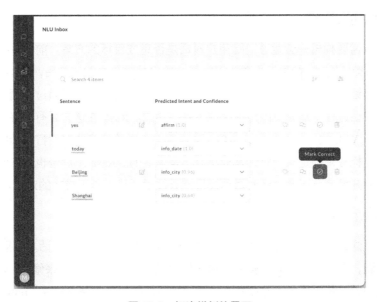

图 10-8　标注样例的界面

10.3.2.4　测试

所有的对话记录都有一个对应的端到端（end-to-end）版本的故事，用户可以选择保存为端到端测试用例，Rasa X 会将该故事保存到 tests 目录中。开发者可以在模型训练完毕后通过 rasa test 命令使用端到端测试用例来测试模型。从对话中生成测试故事如图 10-9 所示。

图 10-9　从对话中生成测试故事

10.3.2.5　追踪

开发者需要构思一套能够追踪用户对话是否完成目标的方案。前面讲到一个例子，在销售类场景中，如果用户单击了机器人给出的链接去购买产品，那么给定的链接中包含对话 ID，销售产品的网上商城在完成购物流程后，可以通过回调网址告诉机器人该对话过程（从商业的角度来说）是成功的。Rasa 在这方面有良好的支持，提供了基于 Web 的 API。利用该 API，商城系统可以给特定的对话打上标签，后面就可以通过标签来确定某个对话是成功的还是失败的。Rasa X 后台也可以给对话打标签，因此开发者可以通过观察对话过程判断该对话是否属于成功的对话。

10.3.2.6　修复

通过过滤标签之类的操作，开发者可以获得可能存在问题的对话。如果是 NLU 导致的问题，开发者可以通过增加训练样本、修改组件配置等操作来修复；如果是故事导致的问题，开发者可以通过交互式学习生成新的故事或调整策略（policy）等操

作来修复；当然也有可能是动作服务器出现问题，这个时候就需要根据情况进行
修复。

10.4　运行交互式学习

在交互式学习（interactive learning）模式中，开发者可以在和对话机器人交谈时
及时提供反馈并修正错误。通过这种模式，开发者可以广泛地测试自己的对话机器
人并轻松地修正它的错误。

在 Rasa 中，交互式学习可以通过 rasa interactive 命令和 Rasa X 来完成，前者基
于命令行而后者基于图形界面，两者本质上是一样的，只是操作方式略有不同。本节
将使用 rasa interactive 作为示例。

10.4.1　启动交互式学习

启动交互式学习，需要启动完整的 Rasa 服务。

第一步是启动动作服务器，命令如下。

```
rasa run actions
```

第二步是启动交互式学习服务器，命令如下。

```
rasa interactive
```

10.4.2　进行交互式学习

使用 rasa interactive 命令启动后，会进入交互式学习模式。Rasa 会要求用户确
认每个预测结果（NLU 和 Core）。

10.4.2.1　检查和修正 NLU 结果

每次输入后，Rasa 都会要求用户确认 NLU 解析结果是否正确。如果 NLU 解析
结果出现错误，无论是意图分类错误还是实体提取错误，都会进入纠错步骤，要求用
户依次提供正确的意图分类和实体提取结果。

用户输入后，Rasa 会给出当前的预测结果（注意这个结果包括意图分类和实体
提取）并询问是否正确。用户可以选择 Y（是）或 n（否），如下面代码所示。

```
? Your input -> 明天天气如何?
? Is the intent 'weather' correct for '[明天](date-time)天气如何' and
are all entities labeled correctly?  (Y/n)
```

如果选择 Y，则意图分类的确认结束；如果选择 n，则需要为 Rasa 提供正确的 NLU 解析结果。这里有 2 个部分：提供正确的意图分类结果和提供正确的实体提取结果。

开发者可以从意图列表中选择或创建一个新的意图来提供正确的意图分类结果，如下面的代码所示。

```
? What intent is it?  (Use arrow keys)
 » <create_new_intent>
   1.00 weather
   0.00 greet
   0.00 info_date
   0.00 stop
   0.00 chitchat
   0.00 info_address
   0.00 goodbye
   0.00 deny
   0.00 affirm
```

第一列数字表示的是预测的置信度，选项列表按照置信度从大到小进行排列。用户可以通过上下键选择正确的意图，通过回车键进行确认。

提供正确的意图分类结果后，Rasa 会要求提供实体提取结果。使用我们在前面章节已经讨论过的格式提供正确的实体提取结果，如下所示。

```
? Is the intent 'weather' correct for '[明天](date-time)天气如何' and
are all entities labeled correctly?  No
? What intent is it?  1.00 weather
? Please mark the entities using [value](type) notation [明
天](date-time)天气如何
```

开发者可以通过方向键来移动光标，从而更改内容。

10.4.2.2　检查和修正 Core 结果

在 NLU 解析之后，需要根据 NLU 解析结果和其他状态（如历史动作和词槽条件）预测下一个动作。

在交互式学习模式下，首先 Rasa 会打印出当前的对话状态供用户观察，然后预测下一个动作，接着 Rasa 会给出当前预测的下一个动作，并要求用户确认是否正确。用户可以选择 Y（是）或 n（否），如图 10-10 所示。

```
? Your input -> What's the weather like tomorrow?
? Is the intent 'weather' correct for 'What's the weather like [tomorrow](date-time)?' and are all entities labeled correctly?   No
? What intent is it?  1.00 weather
? Please mark the entities using [value](type) notation What's the weather like [tomorrow](date-time)?
------
Chat History

 #    Bot                                                You
───────────────────────────────────────────────────────────
 1    action_listen
───────────────────────────────────────────────────────────
 2                     What's the weather like [tomorrow](date-time)?
                                     intent: weather 1.00


Current slots:
       address: None, date-time: None, requested_slot: None, session_started_metadata: None

------
? The bot wants to run 'weather_form', correct?  (Y/n)
```

图 10-10　交互式学习模式示例

如果选择 **Y**，那么当前这一对话的下一个动作的确认就结束了；如果选择 **n**，那么需要从动作列表中选择要执行的正确的下一个动作或创建一个新动作，如图 10-11 所示。

```
------
? The bot wants to run 'weather_form', correct?  No
------
Chat History

 #    Bot                                                You
───────────────────────────────────────────────────────────
 1    action_listen
───────────────────────────────────────────────────────────
 2                     What's the weather like [tomorrow](date-time)?
                                     intent: weather 1.00


Current slots:
       address: None, date-time: None, requested_slot: None, session_started_metadata: None

------
? What is the next action of the bot?  (Use arrow keys)
 » <create new action>
   1.00 weather_form
   0.30 action_default_fallback
   0.00 ...
   0.00 action_back
   0.00 action_deactivate_loop
   0.00 action_default_ask_affirmation
   0.00 action_default_ask_rephrase
   0.00 action_listen
   0.00 action_restart
   0.00 action_revert_fallback_events
   0.00 action_session_start
   0.00 action_two_stage_fallback
   0.00 action_weather_form_submit
   0.00 utter_ask_address
   0.00 utter_ask_date-time
   0.00 utter_default
   0.00 utter_goodbye
   0.00 utter_greet
```

图 10-11　从动作列表中选择正确选项

在每一轮交互式学习中，都需要进行 NLU 分析结果的确认和多个动作预测结果的确认。

10.4.3　保存交互式学习的数据

当使用 Ctrl+C 键退出交互式学习时，Rasa 会询问用户的意图，界面上显示的代码如下。

```
? Your input ->
Cancelled by user

? Do you want to stop?  (Use arrow keys)
 » Continue
   Undo Last
   Fork
   Start Fresh
   Export & Quit
```

用户可以通过上下键选择 "Export & Quit" 选项，按回车键，来告诉 Rasa 开始保存数据。

首先，会导出故事：

```
? Export stories to (if file exists, this will append the stories)
data/stories.yml
```

默认会追加到 data/stories.yml 文件中。

然后，会导出 NLU 数据：

```
? Export NLU data to (if file exists, this will merge learned data
with previous training examples) data/nlu.yml
```

默认会追加到 data/nlu.yml 文件中。

最后，由于交互式学习的过程可能会修改领域文件（如增加新的意图），因此会导出领域：

```
? Export domain file to (if file exists, this will be overwritten)
domain.yml
```

默认会覆盖（不是追加）到 domain.yml 文件中。

10.4.4　对话过程可视化

在进行交互式学习的时候，用户可以选择实时地可视化当前的对话过程，帮助用户定位当前对话情形，用户可以访问本机 5005 端口上的 visualizeation.html 界面

（注意：开发者在本地运行时，端口可能会不同，rasa shell 命令启动后会打印具体的网址）实时观察对话过程。对话过程的可视化如图 10-12 所示。

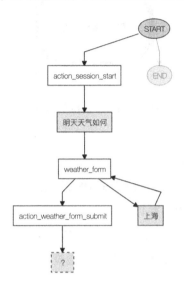

图 10-12　对话过程的可视化

10.5　社区生态

Rasa 只提供了核心的基础设施，没有提供周边的辅助工具等。除 Rasa 提供的自然语言理解（NLU）和对话管理（DM）功能外，要完成一个完整的对话机器人，还需要进行数据的收集或新数据的生成、数据管理、数据标注等过程。这些过程可以通过手写脚本等形式完成，但使用体验对用户并不友好。

社区中有一些开源项目很好地提供了这些功能，作为辅助工具可以与 Rasa 协同构建对话机器人。本章将介绍这些工具。

10.5.1　数据生成工具 Chatito

Chatito 是一个可以帮助用户用简洁的领域特定语言（Domain Specific Language，DSL）生成数据集的工具，其 Logo 如图 10-13 所示。用户可以使用 Chatito 快速生成适用于不同自然语言处理（NLP）任务的训练和测试数据，包括实体识别、文本分类、意图识别等。

图 10-13　Chatito 的 Logo

Chatito 项目包含了：

- 一个在线的编辑 IDE。
- 一套针对自然语言处理（NLP）的 DSL 规范定义。
- 一个 pegjs 格式的 DSL 解析器。
- 一个使用 typescript 和 npm 包实现的生成器。

Chatito 的在线 IDE 相当完善，支持语法检查和语法高亮（syntax highlighting），
界面如图 10-14 所示。

图 10-14　Chatito 的在线 IDE 界面

Chatito 的一个亮点是能把数据增强过程与句子可能组合的描述包装在一起，使
用户对数据生成过程有足够的掌控，防止对某一个句子模型产生过拟合。

Chatito 有支持 Rasa 的原生适配器。

10.5.2　数据生成工具 Chatette

Chatette 的设计目标和技术方案与 Chatito 很类似，都是使用 DSL 生成数据集的
工具。由于 Chattette 所用的 DSL 几乎是 Chatito 所用 DSL 的超集，因此用 Chatito 写
的模板基本都可以在 Chatette 中使用。Chatette 的 Logo 如图 10-15 所示。

图 10-15　Chatette 的 Logo

Chatito 和 Chatette 的主要区别如下。

- Chatito 使用 JavaScript 开发；Chatette 使用 Python 开发。
- Chatito 支持多种适配器，即支持输出多种对话框架的格式；Chatette 只支持 Rasa。
- Chatette 支持多个文件输入等大型工程所需的特性。

10.5.3　数据标注工具 Doccano

Doccano 是一个基于 Web 的对用户操作友好的开源的文本标注工具，其 Logo 如图 10-16 所示。Doccano 提供的标注能力包括文本分类、序列标注和序列到序列标注。Doccano 的主要特性如下。

- 多人合作标注。
- 支持多种语言。
- 支持移动端标注。
- 支持表情（emoji）。
- 暗黑色调的主题。
- 支持 RESTful API。

图 10-16　Doccano 的 Logo

Doccano 拥有广受好评的优雅又专业的用户界面。实体标注界面截图如图 10-17 所示，文本分类界面截图如图 10-18 所示。

图 10-17　实体标注界面截图

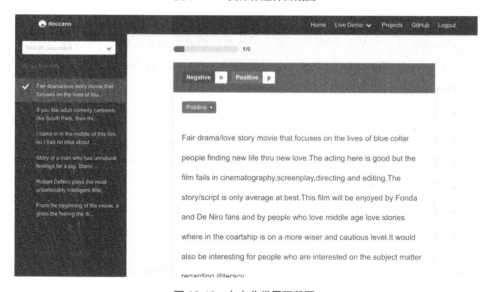

图 10-18　文本分类界面截图

10.5.4　Rasa Chinese 软件包

Rasa 对中文的支持并不完美，在软件适配等方面没有考虑到中文的实际情况。为此，有中文开发者发布了开源的 Rasa 中文软件包——Rasa Chinese。该软件包通过 Rasa 强大的扩展能力为中文用户提供了优秀的中文处理的组件；在软件适配上更加本土化，增加了多个适配中文的即时通信软件（如企业微信和钉钉）的 connector。
这个组件得到了 Rasa 官方的推荐，见官方博客文章：*Non-English Tools for Rasa NLU*。

10.6　小结

在本章中，我们学习了如何调试 Rasa 系统、如何阅读 Rasa 代码、开发 Rasa 应
用的步骤及社区中的一些优秀工具。在讨论如何调试 Rasa 系统时，我们介绍了如何
使用 rasa shell 调试信息来处理 Rasa 运行结果不正确的问题，还介绍了如何使用 pdb
模块和 IDE 的调试功能来调试 Rasa 系统代码的错误。在讨论如何阅读代码时，我们
介绍了阅读代码的步骤、注意事项和工具。我们还介绍了对话驱动开发的理念、步骤
和工具使用。最后，我们介绍了一些来自社区的优秀工具。通过使用这些工具，开发
者的工作效率可以大大提高。

本章是本书的最后一章。让我们快速回顾一下本书的主要内容：①介绍了 Rasa
框架的架构和底层原理；②详细讲解了如何快速搭建各种聊天机器人，如任务型、
FAQ、知识图谱聊天机器人等；③传授了 Rasa 的最佳实践、调试、优化等知识。

希望读者能从这本书中收获更多。最后，非常感谢阅读本书。

中英文术语翻译对照表

这里为本书中的中文术语和官方文档中的英文术语建立了对照表，如表 A-1 所示。

表 A-1 中英文术语对照表

英　文	中　文
intent	意图
entity	实体
domain	领域
channel	通道
action	动作
response	回复
slot	词槽
session	会话
policy	策略
endpoint	端点
form	表单
event	事件
lookup	查找表
checkpoint	检查点
action server	动作服务器
featurizer	特征提取组件
classifier	意图分类组件
retrieval intent	检索意图
test story	测试故事